WAJUEJI CAOZUOGONG
PEIXUN JIAOCHENG

挖掘机操作工
培训教程

徐州宏昌工程机械职业培训学校　组织编写

李宏　主　编

李波　张钦良　副主编

化学工业出版社
·北京·

本书是挖掘机驾驶员、操作工上岗的培训教材和入门读物。主要包括两大部分内容，即挖掘机操作技术与维护保养。操作技术部分主要讲述挖掘机基本常识、各大工作装置及操作与施工方面的知识，维护保养部分主要讲述发动机、液压系统、电气系统方面的知识及一般故障与排除方法。内容安排以适度、够用为原则，通俗易懂，突出理论与实践结合。本书可供工程机械专业教学及企业工程机械驾驶培训使用。

图书在版编目（CIP）数据

挖掘机操作工培训教程/徐州宏昌工程机械职业培训学校组织编写，李宏主编. —北京：化学工业出版社，2008.5（2023.4 重印）
ISBN 978-7-122-02683-5

Ⅰ.挖… Ⅱ.①徐…②李… Ⅲ.挖掘机-操作-技术培训-教材 Ⅳ.TU621.07

中国版本图书馆 CIP 数据核字（2008）第 056932 号

责任编辑：张兴辉　　　　　　　　　　文字编辑：张燕文
责任校对：宋　玮　　　　　　　　　　装帧设计：周　遥

出版发行：化学工业出版社（北京市东城区青年湖南街 13 号　邮政编码 100011）
印　　装：北京科印技术咨询服务有限公司数码印刷分部
850mm×1168mm　1/32　印张 9½　字数 258 千字
2023 年 4 月北京第 1 版第 18 次印刷

购书咨询：010-64518888　　　　　　售后服务：010-64518899
网　　址：http://www.cip.com.cn
凡购买本书，如有缺损质量问题，本社销售中心负责调换。

定　　价：35.00 元

前　　言

在当前科学技术不断进步，新技术、新产品不断涌现的情况下，为满足中等职业技术学校工程机械专业教学以及企业工程机械驾驶培训的需要，我们在过去已有教材、资料的基础上，根据近几年来挖掘机培训的教学实践，有针对性地编写了《挖掘机操作工培训教程》一书。本书从工程施工需要出发，注重培养学生的实际操作能力，以及在施工现场分析和解决问题的能力。

本书主要内容包括操作技术篇和维护与保养篇，操作技术篇主要讲述挖掘机基本常识、各大工作装置以及操作与施工；维护与保养篇主要讲述发动机、液压系统、电气系统的基本知识，以及常见的一般故障。本书在编写中力求通俗易懂，图文并茂，形式新颖活泼，克服了传统培训教材理论内容偏深、偏多、抽象的弊端，突出了理论与实践的结合，使学员既学到真本领，又可应对技能鉴定考试，体现了科学性和实用性。

本书由徐州宏昌工程机械职业培训学校组织编写，李宏主编，李波、张钦良副主编，参与编写的还有宏昌学校的齐墩建、李峥、程学冲、周莉、王勇。

本书的编写征求了从事挖掘机职业培训、维修和驾驶人员的宝贵意见，在此表示衷心的感谢！

由于水平有限，对书中不当之处恳请提出宝贵意见。

编者

目　　录

第一篇　操作技术

第二篇　维护与保养

第一篇 操 作 技 术

第一章 基 本 常 识

第一节 挖掘机的用途和分类

挖掘机是用来开挖土壤的施工机械。它是用铲斗上的斗齿切削土壤并装入斗内，装满土后提升铲斗并回转到卸土地点卸土，然后再使转台回转、铲斗下降到挖掘面，进行下一次挖掘。挖掘机在建筑、筑路、水利、电力、采矿、石油、天然气管道铺设和军事工程中被广泛地使用。挖掘机主要用于筑路工程中的堑壕开挖，建筑工程中开挖基础，水利工程中开挖沟渠、运河和疏浚河道，采石场、露天开采等工程中剥离和矿石的挖掘等。据统计，工程施工中约60％的土石方量是靠挖掘机完成的。此外，挖掘机更换工作装置后还可以进行浇筑、起重、安装、打桩、夯土和拔桩等作业。

挖掘机为八大类工程机械中的一类，其类型与机构形式繁多，可按照挖掘工作原理与过程、用途、构造特性等进行划分。

按照挖掘机的作业过程，可分成周期作业式和连续作业式两类。凡是挖掘、运载、卸载等作业依次重复循环进行的挖掘机为周期作业式，各种单斗挖掘机都属于此类。凡是上述作业同时连续进行的挖掘机为连续作业式，各种多斗挖掘机以及滚切式挖掘机、隧洞挖进机等都属于这一类。通常分为单斗挖掘机和多斗挖掘机两类。

1

按照用途，单斗挖掘机可分为建筑型、采矿型和剥离型等。建筑型挖掘机又称通用型或万能型，中、小型挖掘机大部分为通用型，它使用反铲、正铲、抓斗、装载、起重等多种可换工作装置。采矿型、剥离型和隧洞挖进机等称为专用型，主要为大型和中型挖掘机，只配有正铲或装载工作装置。

按照传动方式，挖掘机可分为机械传动式和液压传动式。液压挖掘机与机械挖掘机的主要区别在于传动装置不同，以及由此引起的工作装置机构形式的不同。机械挖掘机采用啮合传动和摩擦传动装置来传递动力，这些装置由齿轮、链条、链轮、钢索滑轮组等零件组成；液压挖掘机则采用液压传动来传递动力，它由油泵、液压马达、油缸、控制阀及油管等液压元件组成。由于传动装置不同，控制装置也不同，机械挖掘机采用各种摩擦式或啮合式离合器和制动器来控制各个机构的启动、制动、逆转和调速等运动；液压挖掘机则采用液压分配器及各种控制阀来控制各机构的运动。液压挖掘机按主要机构是否全部采用液压传动又分为全液压式与半液压式两种。半液压挖掘机的行走机构采用机械传动，少数挖掘机仅工作装置采用液压传动，如大型矿用挖掘机等。目前国产轮胎式液压挖掘机多采用半液压式。

挖掘机的行走装置（底盘）形式有履带式、轮胎式、汽车式、步行式、轨道式、拖式等。履带式因有良好的通过性能，应用最广，对松软地面或沼泽地带还可采用加宽、加长以及浮式履带来降低接地比压。轮胎式挖掘机具有行走速度快、机车性好、可在城市道路通行等特点，故近年来在中、小型液压挖掘机中发展较快。汽车式、悬挂式挖掘机是以汽车及拖拉机为基础的机械（底盘）装设挖掘或装载工作装置的小型挖掘机，适用于城建小量土方工程及农村建筑。拖式挖掘机则没有行走驱动机构，转移时需由牵引车牵引，主要优点为结构简单、成本低。

单斗挖掘机工作装置的形式很多，常用的基本形式有机械传动和液压传动等。机械传动的挖掘机有正铲、反铲、拉铲、抓斗和起重、吊钩等工作装置（图 1-1）。液压传动的挖掘机有反铲、正铲、抓斗、装载和起重装置等（图 1-2）。

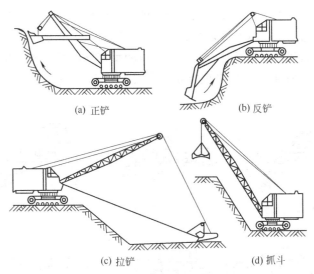

(a) 正铲　　　　　　　　　(b) 反铲

(c) 拉铲　　　　　　　　　(d) 抓斗

图 1-1　单斗机械挖掘机工作装置

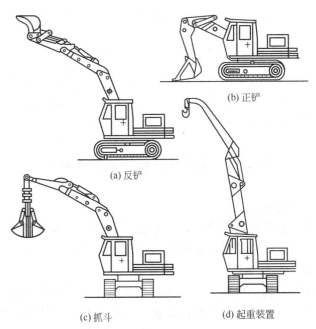

(b) 正铲

(a) 反铲

(c) 抓斗　　　　　　　　(d) 起重装置

图 1-2　单斗液压挖掘机工作装置

多斗挖掘机主要按照工作装置的工作原理和构造特征，分为链斗式和轮斗式，以及滚切式和铣切式。按照多斗挖掘机工作装置的运动平面和挖掘机运行方向相一致或相垂直分：相一致者为纵向挖掘机；相垂直者为横向挖掘机。多斗挖掘机的主要形式如图1-3所示。

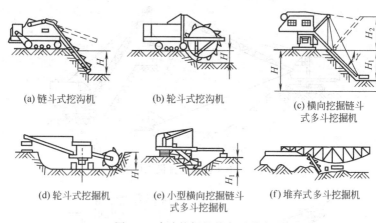

(a) 链斗式挖沟机   (b) 轮斗式挖沟机   (c) 横向挖掘链斗式多斗挖掘机

(d) 轮斗式挖掘机   (e) 小型横向挖掘链斗式多斗挖掘机   (f) 堆弃式多斗挖掘机

图1-3　多斗挖掘机的主要形式

按回转部分转角的不同，液压挖掘机有全回转式和半回转式两类。大部分液压挖掘机为全回转式的，小型液压挖掘机如悬挂式等工作装置仅能作180°左右的回转，为半回转式。

第二节　国内外挖掘机的发展概况

一、国外发展简史

以蒸汽机驱动的"动力铲"诞生于1837年，发展至今已有百余年的历史。纵观挖掘机发展史，大致可分为以下三代。

1. 第一代挖掘机

电动机、内燃机的出现，使挖掘机有了先进而合适的动力装置，于是各种挖掘机产品相继诞生。1899年第一台电动挖掘机出现了。第一次世界大战后，柴油发动机也应用在挖掘机上。这种柴油发动机或电动机驱动的机械式挖掘机是第一代挖掘机。

2. 第二代挖掘机

随着液压技术的广泛应用，使挖掘机械有了更加科学适用的传动装置，液压传动代替机械传动是挖掘机技术上的一次飞跃。1950年德国开发的第一台液压挖掘机诞生了。液压化是第二代挖掘机的标志。

3. 第三代挖掘机

电子技术尤其是计算机技术的广泛应用，使挖掘机有了自动化的控制系统，使挖掘机向高性能、自动化和智能化方向发展。机电一体化的萌芽约发生在 1965 年前后，而在批量生产的液压挖掘机上采用机电一体化技术是在 1985 年左右，当时主要目的是为了节能。电子化是第三代挖掘机的标志。

二、我国挖掘机简史

第一台手动挖掘机问世至今已有一百多年的历史，在此期间经历了由蒸汽驱动半回转挖掘机到电力驱动和内燃机驱动全回转挖掘机、应用机电液一体化技术的全自动液压挖掘机的逐步发展过程。由于液压技术的应用，20 世纪 40 年代有了在拖拉机上装配液压反铲的悬挂式挖掘机，20 世纪 50 年代初期和中期相继研制出拖式全回转液压挖掘机和履带式全液压挖掘机。初期试制的液压挖掘机是采用飞机和机床的液压技术，缺少适用于挖掘机各种工况的液压元件，制造质量不够稳定，配套件也不齐全。从 20世纪 60 年代起，液压挖掘机进入推广和蓬勃发展阶段，各国挖掘机制造厂和品种增加很快（表 1-1），产量猛增。1968～1970年间，液压挖掘机产量已占挖掘机总产量的 83%，目前接近 100%。

新中国成立初期，以测绘仿制前苏联 20 世纪 30～40 年代的W501、W502、W1001、W1002 等型机械式单斗挖掘机为主，开始了挖掘机生产。由于当时国家经济建设的需要，先后建立起十多家挖掘机生产厂。

表 1-1　国外液压挖掘机制造厂及型号增长情况

国别	制造厂家数				产品型号数			
	1963	1966	1969	1972	1963	1966	1969	1972
德国	5	17	17	18	12	36	74	106
美国	2	8	14	17	4	19	43	73
法国	5	8	7	3	10	26	27	31
意大利	3	6	8	11	3	7	18	42
英国	3	6	9	5	3	12	22	28
日本	—	4	13	14	—	6	28	44
合计	18	49	68	72	32	106	212	324

注：制造厂家中包括专门生产液压挖掘机的公司，子公司以及在国外的分厂均未计入。

1967 年开始，我国自主研制液压挖掘机。早期开发成功的产品主要有上海建筑机械厂的 WY100 型、贵阳矿山机器厂的 W_4-60 型、合肥矿山机器厂的 WY60 型挖掘机等，随后又出现了长江挖掘机厂的 WY160 型和杭州重型机械厂的 WY250 型挖掘机等。它们使我国液压挖掘机行业的形成和发展迈出了及其重要的一步。

到 20 世纪 80 年代末，我国挖掘机生产厂已有 30 多家，生产机型达 40 余种。中、小型液压挖掘机已形成系列，斗容有 0.1～2.5m³ 等 12 个等级、20 多种型号，还生产 0.5～4.0m³ 以及大型矿用 10m³、12m³ 机械传动单斗挖掘机，1m³ 隧道挖掘机，4m³ 长臂挖掘机，1000m³/h 的排土机等，还开发了斗容量 0.25m³ 的船用液压挖掘机，斗容量 0.4m³、0.6m³、0.8m³ 的水陆两用挖掘机等。但总体来说，我国挖掘机生产的批量小、分散，生产工艺及产品质量等与国际先进水平相比，还有很大的差距。

改革开放以来，通过积极引进、消化、吸收国外先进技术，促进了我国挖掘机行业的发展。贵阳矿山机器厂、上海建筑机械厂、合肥矿山机器厂、长江挖掘机厂等分别引进德国利勃海尔（Liebherr）公司的 A912、R912、R942、A922、R922、R962、R972、R982 型液压挖掘机制造技术。稍后几年，杭州重型机械厂引进德国玛克（Demag）公司的 H55 和 H85 型液压挖掘机生产技术，北京建筑机械厂引进德国奥加凯（O&K）公司的 RH6 和 MH6 型液压挖掘机制造技术。与此同时，还有山东推土机总厂、黄河工程机械厂、江苏常林机械厂、山东临沂工程机械厂等联合引进日本小松制作所 PC100、PC120、PC200、PC220、PC300、PC400 型液压挖掘机（除发动机外）的全套制造技术。这些厂通过数年引进技术的消化、吸收、移植，使国产液压挖掘机产品性能指标全面提高到 20 世纪 90 年代的国际水平，产量也逐年提高。

由于国内对液压挖掘机需求量的不断增加且需求日趋多样化，在国有大、中型企业产品结构的调整中，牵动了一些其他机械行业的制造厂加入液压挖掘机行业，如中国第一拖拉机工程机械公司、广西玉柴机械股份有限公司、柳州工程机械厂等。这些企业经过几年的努力已达到一定的规模和水平。例如，广西玉柴机械股份有限公司在 20 世纪 90 年代初开发的小型液压挖掘机，连续多年批量出口欧、美等国家，成为我国挖掘机行业中唯一能批量出口的企业。

综上所述，改革开放促进了我国挖掘机械行业的迅猛发展。截至 20 世纪 90 年代末，我国挖掘机械产品及生产厂家、与国外厂商技术合作情况分别列于表 1-2 中。

表 1-2　我国挖掘机产品及生产厂家分布情况

序号	产品名称	型号	规格	主要生产企业简称
1	微型液压挖掘机	WY1.3	1.3t	玉柴工程
2		WY1.5	1.5t	
3		WY2.5	2.75t	
4		WY3.5	3.4t	
5		JY35	3.5t	贵矿
6		WY2.3	2.3t	长江集团
7		WY4.2	4.2t	玉柴工程
8	伸缩臂挖掘机	MX-80	$0.046m^3/2.2t$	抚挖
9		R130W	$0.51m^3/11.94t$	常林现代
10		R5200W	$0.87m^3/18.8t$	

序号	产品名称	型号	规格	主要生产企业简称
11	伸缩臂挖掘机	W₄-60C	0.6m³	贵矿（先导操作）
12		WYL12.5A	12.5t	江西长林
13		WYL12.5B		江西长林（进口液压件）
14		718R	20.5t	厦门雪孚（德国合资）
15	轮式液压挖掘机	WYL202	20t	长江集团、徐州重型（WYL20A）
16		JYL161	0.8m³	贵矿（进口液压件）
17		JYL161-2		贵矿（进口柴油机）
18		WYL320	1.25m³	贵矿（进口柴油机）
19		JYL60C	0.6m³	贵矿
20		MH6A2	20t	北建（引进技术）
21	履带式液压挖掘机	WY12.5	12.5t	北建
22		JY60C	0.6m³	贵矿
23		WY16	16t	合矿
24		R130LC-3	0.51m³/13.8t	常林现代
25		R200	0.87m³/19.6t	
26		R200LC	0.87m³/20.44t	
27		R200LC-3	1m³/21.3t	
28		R290LC-3	1.27m³/29.1t	
29		R360LC-3	1.62m³/36t	
30		R450LC-3	2.09m³/44.1t	
31		EX200-5	0.8m³/18.8t	合肥日立
32		EX200LC-5	0.8m³/19.3t	
33		EX210LC-5	1m³/19.9t	
34		EX300-3	1.38m³/28.6t	
35		WX350LC-5	1.62m³/32.6t	
36		320B	0.8m³/20.62t	徐州卡特彼勒
37		320BL	0.8m³/23.86t	

8

序号	产品名称	型号	规格	主要生产企业简称
38		325B	1.1m³/26.2t	
39		325BL	1.1m³/27.53t	徐州卡特彼勒
40		330B	1.4m³/32.9t	
41		330BL	1.4m³/34.66t	
42		PC100	10.73t	山东临沂(日本小松技术)
43		PC120	12.03t	
44		PC200-5	18.67t	江西长林(日本小松技术)
45		PC200-5LC		
46	履带式液压挖掘机	PC200-6	18.9t	
47		PC200LC-6	20.2t	山推(日本小松技术)
48		PC220-6	21.8t	
49		PC220LC-6	23t	
50		PC300-5	30t	黄工(日本小松技术)
51		PC400-5	42t	
52		SK200Ⅱ	18.8t	
53		SK220Ⅱ	22.9t	成都工程(日本神户制钢技术)
54		SK310Ⅱ	30.1t	
55		SK430Ⅱ	41.9t	
56		718R	20.5t	厦门雪孚(德国合资)
57	挖掘推土机	WT80	0.3m³/9t	泗阳铲运(东方红820KT底盘)
58		WY20	18.3t	鞍一工、柳工、合矿、一拖工程
59		WY20-YC		玉柴工程
60	履带式液压挖掘机	WY202	20t	长江集团
61		WY203		
62		JT200		
63	履带式液压挖掘机(加长臂)	JT200-2	0.8m³	贵矿

序号	产品名称	型号	规格	主要生产企业简称
64	履带式液压挖掘机	RH6LC	20t	北建(德国技术)
65		EF200	0.8m³/18.6t	
66		WY100C	1m³/28.7t	抚挖
67	沼泽地软地面挖掘机	WY40ZR	0.5m³/15.7t	
68	履带式液压挖掘机	WY100A-SJ	1m³	
69	船用液压挖掘机	WY100S		上建
70	履带式液压挖掘机	SW200LC-3	0.8m³	
71		SW270-2	1.2m³	
72		SW270-SJ		上建(水陆两用)
73		WY203HD	22t	长江集团
74		WY22LC		一拖工程
75		WY252CW	25t	长江集团
76		WY32	32t	北建、杭州重机、抚挖、一拖工程
77		WY322CW		长江集团
78		JY320	1.4m³	贵矿(进口液压件)
79		JY320-2		
80	履带式液压挖掘机(加长臂)	JY320G	0.4m³	贵矿
81	JY抓钢机		30t	
82	履带式挖掘机	WY160AHD	38t	长江集团
83	液压挖掘机	WY40A	40t	柳工
84	液压挖掘机(船用)	WY160A	26.5t	
85	液压挖掘机	WY160B	39t	长江集团
86	液压挖掘机(抓铲)	WY160A	38t	
87	液压挖掘机(加长臂)			
88	液压挖掘机	WY403	39t	
89	液压挖掘机(正铲、反铲)	W(D)452	45/42t	

序号	产品名称	型号	规格	主要生产企业简称
90	液压挖掘机(正铲、反铲)	R942(S)	1.6m³	上建
91		R942(D/K)	1.6m³	上建(液压件、发动机进口)
92	液压挖掘机	R962	65t	长江集团
93		R982	90t	
94	液压挖掘机(船用)	WDZ200	2m³	
95	液压挖掘机	WK-2		杭州重机
96		WY40	2.2m³	
97		H55	2.7~3.3m³	
98		H85	4.2~7.5m³	
99		JY500	3m³	贵矿
100	机械挖掘机	WD400	4.46m³/212t	抚挖
101		WD1200	12m³/465t	
102	挖掘装载机	WZ16-15E	0.16/0.9m³	烟台工程

三、国外挖掘机目前水平及发展动向

20 世纪后期开始，国际上挖掘机的生产向大型化、微型化、多功能化、专用化和自动化方向发展。

① 开发多品种、多功能、高质量及高效率的挖掘机。为满足市政建设和农田建设的需要，国外发展了斗容量在 0.25m³ 以下的微型挖掘机，最小的斗容量仅 0.01m³。另外，数量最多的中、小型挖掘机趋向于一机多能，配备了多种工作装置，除正铲、反铲外，还配备了起重、抓斗、平坡斗、装载斗、耙齿、破碎锤、麻花钻、电磁吸盘、振捣器、推土板、冲击铲、集装叉、高空作业架、铰盘及拉铲等，以满足各种施工的需要。与此同时，发展专门用途的特种挖掘机，如低比压、低噪声、水下专用和水陆两用挖掘机等。

② 迅速发展全液压挖掘机，不断改进和革新控制方式，使挖掘机由简单的杠杆操纵发展到液压操纵、气压操纵、液压伺服操纵

和电气控制、无线遥控、电子计算机综合程序控制。在危险地区或水下作业采用无线电操纵，利用电子计算机控制接收器和激光导向相结合，实现挖掘机作业操纵的完全自动化。挖掘机的全液压化为此奠定了良好基础。

③ 重视采用新技术、新工艺、新结构，加快标准化、系列化、通用化的发展速度。例如，德国阿特拉斯公司生产的挖掘机装有新型的发动机转速调节装置，使挖掘机以最合适其作业要求的速度工作。美国林肯-贝尔特公司最新的 C 系列 LS-5800 型液压挖掘机安装了全自动控制液压系统，可自动调节流量，避免了驱动功率的浪费；还安装了 CAPS（计算机辅助功率系统）来提高挖掘机的作业功率，更好地发挥了液压系统的功能。日本住友公司生产的 FJ 系列五种新型号挖掘机上配有与液压回路连接的计算机辅助功率控制系统，利用精控模式选择系统，减少了燃油、发动机功率和液压功率的消耗，并延长了零部件的使用寿命。德国奥加凯（O&K）公司生产的挖掘机的油泵调节系统具有合流特性，使油泵具有最大的工作效率。日本神钢公司在新型的 904、905、907、909 型液压挖掘机上采用智能控制系统，即使是无经验的驾驶员也能进行复杂的作业操作。德国利渤海尔公司开发了 ECO（电子控制作业）操纵装置，可根据作业要求调节挖掘机的作业性能，取得了高效率、低油耗的效果。美国卡特彼勒公司在新型 B 系列挖掘机上采用了最新 3114T 型柴油机以及扭矩载荷传感压力系统、功率方式选择器等，进一步提高了挖掘机的作业效率和稳定性。韩国大宇公司在DH280 型挖掘机上采用了 EPOS 电子功率优化系统，根据发动机负荷的变化自动调节液压泵所吸收的功率，使发动机转速始终保持在额定转速附近，即发动机始终以全功率运转，这样既充分利用了发动机的功率，提高了挖掘机作业效率，又防止了发动机因超载而熄火。

④ 更新设计理论，提高可靠性，延长使用寿命。美国、英国、日本等国家推广采用了有限寿命设计理论，以代替传统的无限寿命设计理论，并将疲劳损伤累计理论、断裂力学、有限元法、优化设

计、电子计算机控制的电液伺服疲劳试验技术、疲劳强度分析方法等先进技术应用于液压挖掘机的强度研究方面，提高了产品的质量、效率和市场竞争力。美国提出了考核动强度的动态设计方法，并创立了预测产品失效和更新的理论。日本制定了液压挖掘机构件的强度评定程序，研制了可靠性信息处理系统。在上述理论的指导下，借助于大量试验，缩短了新产品的研制周期，加速了液压挖掘机更新换代的进程，并提高了其可靠性和耐久性。例如，液压挖掘机的运转率可达到85%～95%，使用寿命超过10000h。

⑤ 加强对驾驶员的劳动保护，改善驾驶员的劳动条件。液压挖掘机采用带有坠物保护结构和倾翻保护结构的驾驶室，安装可调节的弹性座椅，用隔声措施降低噪声干扰。

⑥ 进一步改善液压系统。中、小型液压挖掘机的液压系统有向变量系统转变的明显趋势。变量系统在油泵工作过程中，压力减小时用增大流量来补偿，使液压泵功率保持恒定，即装有变量泵的液压挖掘机可充分利用油泵的功率。当外阻力增大时，则减小流量（降低速度），使挖掘力成倍地增加；采用三回路液压系统，产生三个互不影响的独立工作运动，实现与回转机构的功率匹配。将第三个油泵在其他工作运动上接通，成为开式回路第二个独立的快速运动。此外，液压技术在挖掘机上普遍使用，为电子技术、自动控制技术在挖掘机上的应用与推广创造了条件。

⑦ 迅速拓展电子化、自动化技术在挖掘机上的应用。20世纪70年代，为了节省能源消耗和减少对环境的污染，使挖掘机操作轻便和作业安全，降低挖掘机的噪声，改善驾驶员的工作条件，逐步在挖掘机上应用了电子和自动控制技术。随着对挖掘机的工作效率、节能环保、操作轻便安全舒适、可靠耐用等方面性能要求的提高，促使了机电液一体化技术在挖掘机上的应用，并使其各种性能有了质的飞跃。20世纪80年代，以微电子技术为核心的高新技术，特别是微型计算机、微处理器、传感器和检测仪表在挖掘机上的应用，推动了电子控制技术在挖掘机上应用和推广，并已成为挖掘机现代化的重要标志。目前，先进的挖掘机上均设有发动机自动

怠速及油门控制系统、功率优化系统、工作模式控制系统和监控系统等电控系统。

第三节　挖掘机的型号与编码

　　我国研制液压挖掘机的起步较晚，又分属于工程机械和建筑机械两个管理系统，所以型号编制比较混乱。1988年国家公布编号为 GB 9139.1 的《液压挖掘机分类标准》，统一规定了其型号编制方法。该标准的要点如下。

　　① 挖掘机的型号由类、组、型、特性、主参数及变型更新代号组成。

　　② 挖掘机类，分单斗挖掘机和多斗挖掘机，均用大写汉语拼音字母"W"表示。

　　③ 组，按传动方式分为机械挖掘机、液压挖掘机、电动挖掘机等；机械挖掘机不加代号，液压挖掘机和电动挖掘机等分别用大写汉语拼音字母"Y"或"D"表示。

　　④ GB 9139.1 仅适用于履带式和轮胎式挖掘机，履带式不加代号，轮胎式用大写汉语拼音字母"L"表示，其他如步履式、汽车式、悬挂式、浮箱式等未作规定。

　　⑤ 主参数代号用第一主参数整机质量的数字表示（单位为吨），改变了过去用斗容量为第一主参数的习惯。

　　⑥ 变型更新代号按变型更新的顺序用大写汉语拼音字母 A、B、C 等表示。

　　⑦ 液压挖掘机型号的标准格式如下：

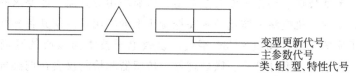

变型更新代号
主参数代号
类、组、型、特性代号

　　从以上的型号编制方法说明中可以看出，新的国家标准和旧标准型号编制的最主要区别是主参数代号不同，新标准采用整机质量的数值（吨），旧标准采用斗容量的数值（立方米×100），比较容易混淆，应予注意。

我国从 20 世纪中前期开始仿制前苏联的机械式挖掘机起，一直沿用以斗容量作为第一主参数，在挖掘机分级和型号编制中，也以斗容量的数值表示，其考虑的出发点是斗容量直接反映了挖掘机作为挖掘土方机器的能力和效果，以斗容量为第一主参数和编制型号，便于计算土方量和选择配套运输车辆。进入 20 世纪 70 年代后，在液压挖掘机普遍取代了机械式挖掘机的同时，也大大拓宽了液压挖掘机的使用范围，除了进行土石方施工作业以外，液压挖掘机可以换装许多不同的作业装置，进行诸如矿石的二次破碎，林场的木材装卸、剥皮，钢厂的抓料、清理炉渣，建筑施工的房屋拆毁、钢筋的剪断、道路的夯实，水利工程的清污、筑坝，以及打桩、钻孔、铺道等各种特殊作业。液压挖掘机实际上已成为由动力驱动的主机和作业装置所组成的通用机械，用斗容已不能全面反映出它的能力和效果。此外，为了适应不同土壤级别和物料种类，一种主机可配备十几种不同斗容和斗宽及不同类型的铲斗，所以斗容大小已不能确切反映出挖掘机能力的大小。近年来，越来越多的国家以机重作为挖掘机分级和型号编制的标准，因为挖掘机的各项工作能力多与机重有关，机重是制约挖掘机能力的最终根据，也是考虑选用运输车辆、道路通过性能等使用条件的重要着眼点，又是衡量钢耗、能耗等经济指标的可靠参照量。一定的机重，基本上决定了所需的驱动率和允许的斗容范围。因此，机重才是反映挖掘机本身最本质特性和等级的参数。我国 GB 9139.1-8 标准规定采用机重作为主参数来编制型号，以表示液压挖掘机的等级，体现了挖掘机发展的共同趋势。

新的国家标准颁布以前设计的液压挖掘机主要以斗容量来表示，如 WY250、WY160A、WY100、WY60A、WLY60 等型，以"W"表示挖掘机，"Y"表示液压，数字分别表示斗容量为 $2.5m^3$、$1.6m^3$、$1.0m^3$、$0.6m^3$、"L"表示轮胎式。在新国家标准颁布后设计的挖掘机，如 WYL20，数字 20 表示机重为 20t 级。

表 1-3 液压挖掘机的基本参数

| 整机质量级 | 发动机功率 | 斗容量 标准 | 斗容量 范围 | 液压系统 形式 | 液压系统 压力 | 行走装置 轮胎式 最大行驶速度 | 轮胎式 爬坡能力 | 履带式 最大行驶速度 | 履带式 爬坡能力 | 作业循环时间 | 正铲 最大挖掘深 | 正铲 最大挖掘力 | 反铲 最大挖深 | 反铲 最大掘力 |
t	kW	m³	m³		MPa	km/h (≥)	% (≥)	km/h (≥)	% (≥)	s	m (≥)	kN (≥)	m (≥)	kN (≥)
3.2	15~20	0.10	0.08~0.16										2	10
4	20~25	0.12	0.10~0.20				25						2.5	15
5	25~30	0.16	0.12~0.30		10~20	18		2.0		11~16			3	20
6.3	30~35	0.20	0.16~0.36	定量									3.3	25
8	35~40	0.25	0.20~0.45										3.6	30
10	45~55	0.40	0.36~0.70										3.9	45
12.5	60~70	0.50	0.40~0.90										4.1	55
16	70~80	0.60	0.45~1.0	定量或变量	16~32						5.6	95	4.3	75
20	80~100	0.80	0.65~1.4							16~24	6.1	110	4.8	90
25	90~120	1.0	0.80~1.8				35		10		6.6	135	5.3	115
32	110~130	1.25	1.0~2.25								7.1	160	5.8	135
40	130~160	1.6	1.2~2.9								7.7	180	6.5	160
50	170~210	2.0	1.6~3.6	变量	25~40			1.8		24~28	8.4	200	7.8	180
63	210~240	3.0	2.5~5.4								9.2	220	9	200
80	250~330	4.0	3.6~7.0								10	260		240
100	350~420	5.0	4.0~9.0								11	300		280
125	430~525	6.3	5.0~11.0								12	330		300
160	550~675	8.0	6.5~14.0								13	360		330

从 1982 年起，我国开始引进液压挖掘机生产技术。下面简单地介绍部分引进产品型号所表示的意义。

从德国利勃海尔公司引进的产品型号由五部分组成：第一部分为一个德文字母（A 或 R，A 表示轮胎式，R 表示履带式）；第二部分为一个阿拉伯数字（挖掘机代号，液压挖掘机为 9）；第三部分也是阿拉伯数字（等级代号，按机重划分，用 0～9 表示，但数字并不直接表示机器的实重）；第四部分仍然是一个阿拉伯数字（系列代号，1 表示第一系列，2 表示在第一系列的基础上发展起来的第二系列）；第五部分为一组英文字母（STD 为标准型，LC 为加长型，HD 为加重型）。例如，型号 R922LC 表示履带式加长型液压挖掘机，机重为第二级，属于第二系列。

从德国德马克公司引进的 H85、H55 型液压挖掘机，其型号分别表示机重为 85t 级和 55t 级。

引进的挖掘机也有以斗容量为编制型号的主要参数的，如从德国 O&K 公司引进的 RH30、RH40、RH6 和 MH6 型挖掘机，其型号中 R、M、H 分别表示履带式、轮胎式和液压挖掘机，数字 30、40 和 6 分别表示斗容量为 $3m^3$、$4m^3$ 和 $0.6m^3$。

液压挖掘机的基本参数见表 1-3，我国常见挖掘机型号见表 1-4。

表 1-4　我国常见挖掘机型号

日本原装住友 SUMITOMO	徐州卡特（美国） CATERPILLAR	烟台大宇（韩国） DAEWOO	济宁小松（日本） KOMATSU	合肥日立（日本） HITACHI
SH75U、145U	E200B	DH55-V	PC60	EX200-1-2-3-5
SH60、100、120	E240	DH130W-V	PC100-5	EX220-1-2-3
SH200-2	E320	DH200	PC150-1	EX200LC-5
SH200-3G	E320A	DH220	PC200-1-2-3	EX210LC-5
SH200-3	E320B	DH220LC	PC200-5-6-7	EX100
SH220、220LC	E320C	DH130LC-V	PC200LC-6	EX120
SH300-3	E320L	DH258LC-V	PC220-6	EX300-3
SH300LC-3	E320BL	DH220LC-V	PC220LC-6	EX350LC-5
SH350HD-3	E325	DH300LC-V		
SH400-3	E330	DH360LC-V		
SH450HD-3	E350			
SH800-HD				

常州现代(韩国) HYUNDAI	成都神钢(日本) KOBELCO	加腾(日本) KATO	沃尔沃(瑞典) VOLVO	利勃海尔(德国) LIEBHERR
R200	SK04、05、07	HD700-2-5-7	EC35、45、55	R308
R200LC	SK200-2	HD770	EC140B	R310B
R210LC-3	SK200-6E	HD800	EC210B	R312
R220LC	SK230-6E	HD820	EC240B	
R290LC-3	SK330-6E	HD850	EC290B	
R360LC-3		HD880	EC360B	
R450LC-3		HD900	EC460B	
		HD1023		
		HD1250-5-7		
		HD1800		
		HD1880		
贵州詹阳 JONYANG	广西柳工 LIUGONG	三一重工 SANY	石川岛(日本) IHI	广西玉柴 YUCHAI
JY200-3	CLG60	SY200	35NX	YC13-3
JY220	CLG200-3	SY200C	55N	YC25
JY500	CLG230	SY200A	80NX-3	YC35-6
JY320-2	CLG300			YC65-2
				YC85-3

第四节 挖掘机的总体结构及特点

单斗液压挖掘机是采用液压传动并以一个铲斗进行挖掘作业的机械。它是在机械传动单斗挖掘机的基础上发展而来的，是目前挖掘机械中重要的品种。单斗液压挖掘机的作业过程是以铲斗的切削刃（通常装有斗齿）切削土壤并将土装入斗内，装满后提升、回转至卸土位置进行卸土，卸空后铲斗再转回下降到挖掘面进行下一次挖掘。当挖掘机挖完一段土方后，机械移位继续工作，因此是一种周期作业的自行式土方机械。单斗液压挖掘机为了实现上述周期性作业动作的要求，设有下列基本组成部分：工作装置、回转装置、动力装置、传动系统、行走装置和辅助设备等。常用的全回转式（转角大于 360°）挖掘机，其动力装置、传动系统的主要部分、回转装置、辅助设备和驾驶室等都装在可回转的平台上，简称上部转台。这类机械由工作装置、上部转台和行走装置三大部分组成（图1-4）。挖掘机的基本性能取决于各组成部分的构造和性能。

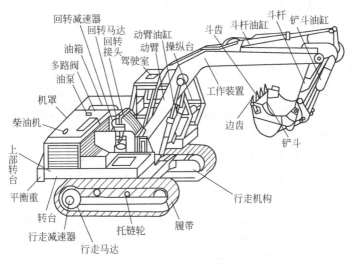

图1-4　单斗反铲液压挖掘机结构

一、单斗液压挖掘机组成部分

1. 动力装置

单斗液压挖掘机的动力装置，多采用直立式多缸、水冷、以小时功率标定的柴油机。

2. 传动系统

单斗液压挖掘机的传动系统将柴油机的输出动力传递给工作装置、回转装置和行走装置等。单斗液压挖掘机用液压传动系统的类型很多，习惯上按主泵的数量、功率调节方式和回路的数量进行分类，有单泵或双泵单回路定量系统、双泵双回路定量系统、多泵多回路定量系统、双泵双回路分功率调节变量系统、双泵双回路全功率调节变量系统、多泵多回路定量或变量混合系统六种；按油液循环方式分为开式系统和闭式系统；按供油方式分为串联系统和并联系统。

凡主泵输出的流量是定值的液压系统为定量系统；反之，主泵输出的流量通过调节系统进行改变的则称为变量系统。在定量系统中，各执行元件在无溢流情况下按油泵供给的固定流量工作，油泵的功率按固定流量和最大工作压力确定；在变量系统中，最常见的是双泵双回路恒功率变量系统，该系统又有分功率变量与全功率变量之分，分功率调节系统是用一个恒功率调节器同时控制系统中所有油泵的流量变化，从而达到同步变量。

开式系统中执行元件的回油直接流回油箱，其特点是系统简单、散热效果好，但油箱容量大，低压油路与空气接触机会多，空气易渗入管路造成振动。单斗液压挖掘机的作业主要是油缸工作，而油缸大、小油腔的差异较大，工作频繁，发热量大，因此绝大多数单斗液压挖掘机采用开式系统。闭式系统中执行元件的回油不直接返回油箱，其特点是系统结构紧凑，油箱容积小，进、回油路中均有一定的压力，空气不容易进入管路，运转比较平稳，避免了换向时的冲击，但系统较复杂，散热条件差。在单斗液压挖掘机的回转装置等局部系统中，有采用闭式回路的液压系统。为补充因液压马达正、反转的油液漏损，在闭式系统中往往还设有补油阀。

3. 回转装置

回转装置使工作装置及上部转台向左或向右回转，以便进行挖掘和卸料。单斗液压挖掘机的回转装置必须能把转台支撑在机架上，不能倾斜，回转轻便灵活。为此，单斗液压挖掘机都设有回转支撑装置（起支撑作用）和回转传动装置（驱动转台回转），这两种装置统称为回转装置。

（1）回转支撑　单斗液压挖掘机采用回转支撑的结构形式，分为转柱式和滚动轴承式两种。

（2）回转传动　全回转液压挖掘机采用回转传动的传动形式，分为直接传动和间接传动两种。

① 直接传动　在低速大扭矩液压马达的输出轴上安装驱动小齿轮，与回转齿圈啮合。国产 WY100、WY40、WLY25、WY60、WLY60C 等型挖掘机的回转传动均采取这种传动形式。

② 间接传动　由高速液压马达经齿轮减速器带动回转齿圈的间接传动结构形式（图 1-5）。国产 WY60A、WY100B、WY160、WLY50 等型挖掘机均采用这种传动形式。其结构紧凑，具有较大的传动比，且齿轮的受力情况较好，轴向柱塞马达与同类型液压油泵的结构基本相同，许多零件可以通用，便于制造及维修，从而降低了成本，但必须装设制动器，以便吸收较大的回转惯性力矩，缩短挖掘机作业循环时间，提高生产率。

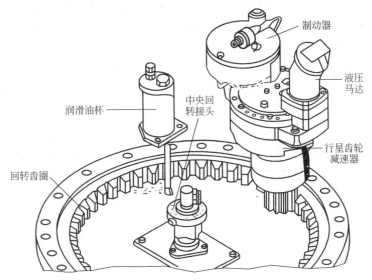

图 1-5　间接传动的回转传动

4. 行走装置

行走装置支撑挖掘机的整机重量并完成行走任务，多采用履带式或轮胎式行走机构。

（1）履带式行走机构　单斗液压挖掘机的履带式行走机构的基本结构与其他履带式行走机构大致相同，但它多采用两个液压马达各自驱动一条履带。与回转装置的传动相似，可用高速小扭矩马达或低速大扭矩马达。两个液压马达同方向旋转时挖掘机将直线行驶；若只给一个液压马达供油，并将另一个液压马达制动，挖掘机则绕制动一侧的履带转向；若使左、右两液压马达反向旋转，挖掘机将作原地转向。

履带式行走机构的各零部件都安装在整体式行走架上。液压泵输出的压力油经多路换向阀和中央回转接头进入行走液压马达。该马达将压力能转变为输出扭矩后，通过齿轮减速器传给驱动轮，最终卷绕履带实现挖掘机行走。

单斗液压挖掘机大都采用组合式结构履带和平板形履带板（没有明显履刺），虽附着性能差，但坚固耐用，对路面破坏性小，适用于坚硬岩石地面作业或经常转场的作业。也有采用三筋履带板，接地面积较大，履刺切入土壤深度较浅，适宜于挖掘采石作业。实行标准化后规定挖掘机采用重量轻、强度高以及结构简单和价格较低的轧制履带板。三角形履带板专用于沼泽地，可降低接地比压，提高挖掘机在松软地面上的通过能力。

单斗液压挖掘机的驱动轮均采用整体铸件，能与履带正确啮合，并且传动平稳。挖掘机行走时驱动轮应位于后部，使履带的张紧段较短，减少履带的摩擦、磨损和功率消耗。

每条履带都设有张紧装置，以调整履带的张紧度，减少履带的振动、噪声、摩擦、磨损及功率损失。目前单斗液压挖掘机都采用液压张紧装置（图 1-6）。其液压缸置于缓冲弹簧内部，减小了外形尺寸。

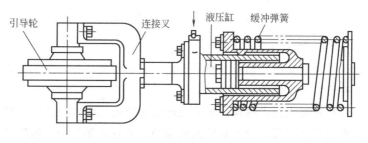

图 1-6　履带液压张紧装置

（2）轮胎式行走机构　轮胎式挖掘机的行走机构有机械传动和液压传动两种。液压传动的轮胎挖掘机的行走机构如图 1-7 所示，

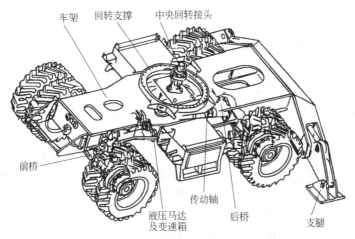

车架　回转支撑　中央回转接头

前桥

液压马达
及变速箱　后桥　传动轴　支腿

图 1-7　单斗液压挖掘机轮胎式行走机构

主要由车架、前桥、后桥、传动轴和液压马达等组成。行走马达安装在固定于机架的变速箱上，动力经变速箱、传动轴传给前、后驱动桥。有的挖掘机再经过轮边减速器驱动车轮。采用高速液压马达的传动方式使用可靠，省掉了机械传动中的上、下传动箱及垂直轴，结构简单且布置方便。

轮胎式单斗液压挖掘机的行驶速度不高，后桥常采用刚性悬架，结构简单。前桥悬挂多为摆动式。车架和前桥中部铰链连接，而活塞杆与前桥连接。控制阀有两个位置：挖掘机作业时，控制阀将两个液压缸的工作缸与油箱的油路切断，液压缸将前桥的平衡悬挂锁住，阻止其摆动，以提高挖掘机的作业稳定性；挖掘机行走时，控制阀使两个悬挂液压缸的工组腔相通，并与油箱接通，前桥便能适应路面情况，并使左、右车轮随时着地，保持足够的附着性能，使挖掘机有足够的附着力，提高挖掘机的通过性能。

5.工作装置

工作装置是液压挖掘机的主要组成部分之一。因用途不同，工作装置的种类繁多，其中最主要的有反铲装置、正铲装置、挖掘装置、起重装置和抓斗装置等。同种装置也可以有多种结构形式，有的多达数十种，以适应各种不同的作业条件。

二、液压挖掘机的特点

1. 液压挖掘机的优点

单斗液压挖掘机采用液压传动，在结构、技术性能和使用效果等方面与机械传动的单斗挖掘机相比具有许多特点。其优点综合如下。

(1) 技术性能提高、工作装置品种范围扩大　单斗液压挖掘机与同级机械挖掘机相比，挖掘力提高约30%，如1m³斗容量的液压挖掘机斗齿挖掘力为12～15tf❶，而机械式只有10tf，因此在整机参数不变时，可适当加大铲斗容量，提高生产率。抓斗可以强制切土和闭斗，使切土力和闭斗力都提高。液压挖掘机的行走牵引力与机重之比大大高于机械挖掘机，行驶速度、爬坡能力都大有提高，还可换装宽大履带，使机械接地比压大大降低。当液压挖掘机陷于淤泥或土坑中时，可以利用工作装置进行自救或逾越沟渠等障碍物，两履带可独立驱动，实现就地转向，使通过能力大大提高。工作装置由于采用了液压传动，使构造布置方便、灵活，而且工作装置的种类不断增加，新的结构不断出现，如组合动臂、加长斗杆、双瓣铲斗、底卸式装载斗以及伸缩式动臂等，小型液压挖掘机带有三四十种工作装置，以适应各种作业（最多达150种）要求，而且工作装置调换方便，从而扩大了机械的使用范围。

(2) 简化结构、减少易损件、机重小　采用液压传动后省去了机械挖掘机复杂的中间传动零部件，简化了机构并减少了易损件，由于传动装置紧凑，重量减少，从而使转台、底架等结构件的尺寸和重量都相应降低，故同级的液压挖掘机可比机械挖掘机总重减轻30%～40%，如WY100型液压挖掘机重25t，W-100型机械挖掘机重41t。

---

❶　1tf=9806.65N。

(3) 传动性能改善、工作平稳、安全可靠　采用液压传动后能无级调速且调速范围大（最高与最低速度之比可达 1000∶1）；能得到较低的稳定转速（采用柱塞式液压马达，稳定转速可低到 1r/min）；液压元件的运动惯性较小并可作高速反转（电动机运动部分的惯性力矩比其他驱动装置大 50％，而液压马达则不大于 5％，加速中等功率电动机需 1s 以上，而液压马达只需 0.1s）。因此，在挖掘机工作中换向频繁的情况下动作平稳，冲击很小，而且液压油还能吸收部分冲击能量减少机械的冲击、振动。液压系统中还设置了各种安全溢流阀，在机械工作过载或误操作时不至于发生事故或机械损坏，并使机械结构件受力情况改善。

(4) 机构布置合理、紧凑　由于液压传动采用油管连接，各机构部件之间相互位置不受传动关系的影响、限制，布置较灵活，设计时可使机构的布置既满足传动要求，也能满足结构件受力均衡、维修方便及附加平衡重尽可能减少的条件，做到结构紧凑、外形美观，同时也易于改进、变型。

(5) 操作简便、灵活　液压传动比机械传动操纵轻便而灵活，尤以现在采用液压伺服（先导阀）操纵，手柄操纵力（不管主机多大）小于 3kgf❶，而机械挖掘机（如 W1001 型）操纵力达 8～20kgf；采用先导阀后操纵杆数大为减少，故作业中司机的劳动强度大大减轻，驾驶室与机棚完全隔开，噪声减小，视野良好，振动减轻，改善了司机的工作条件。

(6) 易于实现"三化"、提高质量　液压元件易于实现标准化、系统化、通用化，便于组织专业化生产，进一步提高产品质量和降低成本。

(7) 易于实现自动化　便于与电、气动联合组成自动控制和遥控系统。

2. 液压挖掘机的缺点

① 对液压元件加工精度要求高，装配要求严格，制造较为困

---

❶　1kgf＝9.80665N。

难。使用中系统出现故障时，现场进行排除较困难，维修条件和维修调整的技术都要求较高。

② 液压油的黏稠度受温度影响较大，总效率较低，同时液压系统容易漏油，渗入空气后产生噪声和振动，使动作不稳，并对液压元件产生腐蚀作用。

第二章　挖掘机的工作装置

第一节　工作装置的类别

图 2-1 所示为常见的几种工作装置。

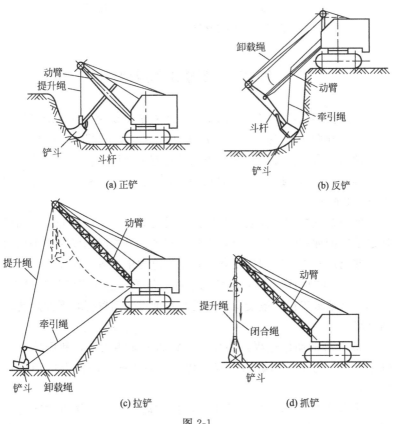

(a) 正铲

(b) 反铲

(c) 拉铲

(d) 抓铲

图 2-1

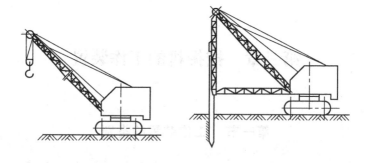

(e) 起重装置   (f) 打桩装置

图 2-1　单斗挖掘机工作装置的类型

第二节　反铲工作原理

液压挖掘机的所有动作都是由液压系统驱动的。其驱动过程是柴油机带动两个油泵，把高压油输送到两个分配阀——操纵分配阀，然后由操纵分配阀再将高压油送往有关液压执行元件（油缸或液压马达），以便驱动相应的机构进行工作。其液压传动系统原理如图 2-2 所示。

液压挖掘机的工作装置采用连杆机构原理，而各部分的运动则通过油缸的伸缩来实现。反铲工作装置各部件之间的联系都采用铰接，并通过各油缸行程的变化实现挖掘过程中的各种动作。

① 动臂的动作过程：动臂的下铰点与转台上的连接耳相铰接，利用动臂油缸支撑，改变此油缸的行程即可使动臂绕其下铰点转动而升降。

② 斗杆的动作过程：斗杆与动臂的上端相铰接，利用装在动臂梁上平面的斗杆油缸的行程变化，可使斗杆绕动臂上端的铰点转动。

③ 铲斗的动作过程：铲斗与斗杆前端相铰接，并通过装在斗杆上的铲斗油缸的伸缩，使铲斗绕斗杆前端的铰点转动。为了增大

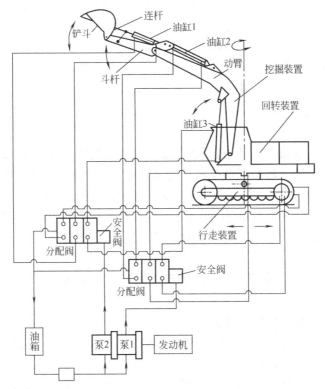

图 2-2 液压挖掘机基本组成及传动

铲斗的转角，铲斗油缸通常采用连杆机构与铲斗相连。

整个工作装置的动作是利用动臂油缸的伸缩，使动臂（即整个工作装置）绕动臂下铰点转动，依靠斗杆油缸使斗杆绕动臂的上铰点摆动。铲斗铰接于斗杆前端，并通过铲斗油缸和连杆使铲斗绕斗杆前铰点转动。

挖掘作业时，接通回转机构液压马达，转动上部转台，使工作装置转到挖掘地点，同时操纵动臂油缸；油缸小腔进油时，油缸回缩，动臂下降至铲斗接触挖掘面，然后操纵斗杆油缸和铲斗油缸；油缸大腔进油时，油缸伸长，铲斗进行挖掘和装载。斗装满后，将斗杆油缸和铲斗油缸关闭并操纵动臂油缸大腔进油，使动臂升离挖掘面，随之接通回转马达，使铲斗转到卸载地点，再操纵斗杆和铲斗油缸回缩，使铲斗反转进行卸土。卸载完后，将工作装置转至挖掘地点，进行第二次循环挖掘作业。

实际挖掘工作中，由于土质情况、挖掘面作业条件及挖掘机液压系统等的不同，反铲装置三种油缸在挖掘循环中的动作配合是多种多样的，但也受到一定的限制，如能否复合动作等，上述仅为一般的工作过程。

液压挖掘机采用三组油缸使铲斗实现有限的平面运动，加上液压马达驱动回转装置产生回转运动，使铲斗运动扩大到有限的空间，再通过行走液压马达驱动行走（移位）装置，使整个挖掘机沿地面移动，可使挖掘空间沿水平方向得到间歇扩大（即坐标中心可水平移位），从而可以满足挖掘作业的要求。

第三节　反铲装置的组成及作用

一、反铲装置的组成

反铲装置是中、小型液压挖掘机的主要工作装置，广泛应用于斗容量在 $1.6m^3$ 以下的机型中。

液压挖掘机反铲装置由动臂、斗杆、铲斗以及动臂油缸、斗杆油缸、铲斗油缸和连杆机构等组成（图 2-3）。

其构造特点是各部件之间的联系全部采用铰接，通过油缸的伸缩来实现挖掘过程中的各种动作。反铲主要用于挖掘停机面以下的土层（基坑、沟壕等），挖掘轨迹决定于各油缸的运动及其相互配合的情况。铲斗斗齿的运动轨迹取决于各油缸单独与组合运动的状况。

二、工作装置工作时的动作

1. 仅采用动臂油缸工作来进行挖掘

当仅采用动臂油缸工作来进行挖掘时，铲斗斗齿的运动轨迹是以动臂的下铰点为中心作的弧，所以可得到最大的挖掘半径和最长的挖掘行程（从最大高度 C 至最大深度 B 之间的弧长），而且易于

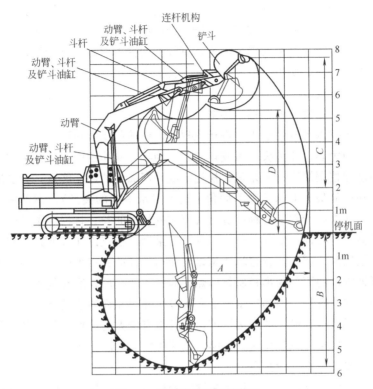

图 2-3　液压挖掘机反铲装置

使挖掘的土层较薄，故适用于挖掘较坚硬的土层。

2. 仅采用斗杆油缸工作来进行挖掘

当仅采用斗杆油缸工作来进行挖掘时，则铲斗斗齿的运动轨迹是以斗杆与动臂的铰接点为中心所作的弧（从最大深度 B 至停机面之间的弧）。这种挖掘方式在动臂位于最大下倾角时能达到最大的挖掘深度，而且也有较大的挖掘行程，在较坚硬的土壤条件下工作时，能保证装满铲斗。在实际工作中，常采用这种挖掘方式。

3. 仅采用铲斗油缸工作来进行挖掘

当仅采用铲斗油缸工作来进行挖掘时，铲斗斗齿的运动轨迹则是以铲斗与斗杆的铰点为中心，该铰点至斗齿尖的距离为半径所作的弧；同理，弧线的包角（铲斗的转角）及弧长决定铲斗油缸的行程。显然，以铲斗油缸工作进行挖掘时的挖掘行程较短，但可使铲斗在挖掘行程结束时能装满土，有较大的挖掘力以保证能挖掘较大厚度的土质，所以一般挖掘机的斗齿最大挖掘力都在采用铲斗油缸工作时实现。

三、挖掘机的挖掘轨迹图

当仅以动臂油缸工作进行挖掘时，铲斗的挖掘轨迹是以动臂下铰点为中心，斗齿尖至该铰点的距离为半径而作的弧，其极限挖掘高度和挖掘深度（不是最大挖掘深度）即弧线的起、终点，分别决定动臂的最大上倾角和下倾角（动臂对水平线的夹角），亦即决定动臂油缸的行程。这种挖掘方式所需挖掘时间长，且稳定条件限制挖掘力的发挥，实际工作中基本上不采用。当仅以斗杆油缸工作进行挖掘时，铲斗的挖掘轨迹是以动臂与斗杆的铰点为中心，斗齿尖至该铰点的距离为半径所作的弧，同样，弧线的长度与包角决定斗杆油缸的行程。当动臂位于最大下倾角并以斗杆油缸进行挖掘工作时，可以得到最大的挖掘深度，并且也有较大的挖掘行程，在较坚硬的土质条件下工作时，能够保证装满铲斗，故在实际工作中常以斗杆油缸工作进行挖掘。

当液压反铲挖掘机反铲装置的结构形式及结构尺寸已定（包括动臂、斗杆、铲斗尺寸，铰点位置，相对的允许转角或各油缸的行程等），即可用作图法求得挖掘机挖掘轨迹的包络图，即挖掘机在任一正常工作位置时，所能控制到的工作范围（图 2-3），图中各控制尺寸即液压挖掘机的工作尺寸。反铲装置主要的工作尺寸为最大挖掘深度和最大挖掘半径。包络图中可能有部分区间靠近甚至深入到挖掘机底下，这一范围的土层虽能挖到，但可能引起土层崩塌而影响机械稳定和安全工作，除有条件的挖沟作业外，一般不可使用。有的在挖掘机工作尺寸图上标明有效工作范围，或以虚线标明此段挖掘轨迹。

四、挖掘时的挖掘力

挖掘机反铲装置的最大挖掘力除决定于液压系统的工作压力、

油缸尺寸，以及各油缸间作用力的影响（斗杆、动臂油缸和闭锁压力及力臂）外，还决定于整机的稳定和地面附着情况，因此工作装置不可能在任何位置都能发挥其最大挖掘力。

五、挖掘速度与卸土

反铲挖掘速度在结构尺寸已定条件下，决定于液压系统对工作油缸的供油量。动臂油缸和斗杆油缸为提高其单独工作时的挖掘速度，在液压系统中可采用合理供油措施来保证。液压反铲采用转动铲斗卸土，其优点是卸载较准确、平稳，便于装车工作。

第四节　铲斗的更换与安装

一、铲斗的更换

铲斗通过斗杆销轴和连杆销轴与斗杆和连杆相连（图 2-4）。
更换铲斗实际上就是拆下斗杆销轴和连杆销轴，卸下原来使用的铲斗，然后把其他铲斗或工作装置用斗杆销轴和连杆销轴与斗杆和连杆连接起来，即为安装斗杆销轴和连杆销轴的过程。

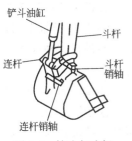

图 2-4　铲斗与斗杆和连杆的连接方式

更换铲斗的步骤如下。

① 铲斗下放在平坦的地面上。在下放铲斗的过程中，要使铲斗刚好与地面接触，这样在拆卸销轴时的阻力最小。

② 拆卸斗杆销轴和连杆销轴。把斗杆销轴和连杆销轴上锁紧螺栓的双螺母拆下，然后卸下斗杆销轴和连杆销轴，并卸下铲斗。在此过程中，注意卸下的斗杆销轴和连杆销轴不要被泥沙弄脏，轴套两端的密封不要被损坏。

③ 安装准备使用的铲斗或其他工作装置。改变斗杆的位置，使斗杆上的孔与铲斗上的孔对正，连杆上的孔与铲斗上的孔对正（图 2-5），然后涂上润滑脂，并安装斗杆销轴和连杆销轴。销轴的安装过程与拆卸的顺序相反。安装斗杆销轴时，应在图 2-6 所示的

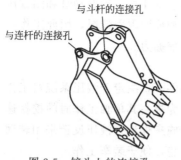

图 2-5 铲斗上的连接孔

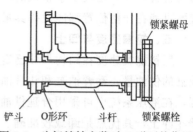

图 2-6 斗杆销轴安装时 O 形环的位置

位置上，安装一个 O 形环，插入斗杆销轴后，再把 O 形环装入合适的槽中。安装连杆销轴时，先把 O 形环装入合适的槽中，再插入连杆销轴。

④ 安装各销轴的锁紧螺栓和螺母，然后在销轴上涂润滑脂。

更换铲斗过程应注意的事项如下。

① 用锤子敲击销轴时，金属屑可能会飞入眼中，造成严重伤害。当进行这种操作时，要始终戴上护目镜、安全帽、手套和其他防护用品。

② 卸下铲斗时，要把铲斗稳定地放好。

③ 用力打击销轴，销轴可能会飞出并伤害周围的人员。因此，再打击销轴之前，应确保周围人员的安全。

④ 拆卸销轴时，要特别注意不要站在铲斗下面，也不要把脚或身体的任何部位放在铲斗的下面；拆卸或安装销轴时，注意不要碰伤手。

⑤ 对正孔时，不要把手指放入销孔。

⑥ 更换铲斗前，要把机器停在坚实平整的地面上。进行连接工作时，为安全起见，与进行连接工作的有关人员之间，要彼此弄清信号并仔细工作。

二、铲斗的反装

① 把铲斗放在平坦的地面上。

② 从斗杆与连杆每个销轴的锁紧螺栓上拆下双螺母，拆下螺

栓，然后拆下斗杆销轴与连杆销轴，并卸下铲斗［图2-7（a）］。

③ 反装铲斗，按图2-7（a）中箭头所示的转动方向转动铲斗，一直转动到图2-7（b）所示的位置。铲斗反转后应使铲斗和连杆与销轴孔对正，使斗杆与连杆安装孔对正，然后把连杆与斗杆安装孔对正，并安装铲斗。

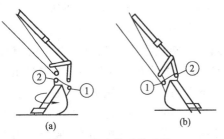

图2-7　铲斗的反装过程

④ 使斗杆与孔①对正，连杆与孔②对正，然后涂上润滑脂，并安装斗杆销轴和连杆销轴。反装时，不安装O形环，要把O形环放在安全的地方备用。

⑤ 每个销轴要安装锁紧螺栓和螺母，然后在销轴上涂润滑脂。

第五节　液压破碎器的使用

液压破碎器，又称为液压锤，是利用液压能转化为机械能，对外做功的一种工作装置。这种工作装置主要用于进行打桩、开挖冻土和岩层、破坏路面表层、捣实土层等。它由带液压缸的壳体、换向控制阀、活塞与撞击部分，以及可换的作业工具（如凿子、扁铲、镐等）等部分组成（图2-8）。液压破碎器通过附加的中间支座与斗杆连接。为了减振，在锤壳体和支座的连接处常装设橡胶缓冲装置。

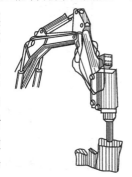

图2-8　液压破碎器

一、液压破碎器的工作过程

液压破碎器的撞击部分在双作用油缸作用下在壳体内作直线往复运动，撞击作业工具，从而进行破碎或开挖作业。

液压破碎器的工作过程如下（图2-9）。由压力油路 H_P 来的液压油进入活塞 P 下端的小室 C_1 中。由于活塞上端 C_2 腔与回油路 B_P 相通，因而活塞上升，并推动换向控制阀上升，如图2-9（a）所示。当阀上升到上部极限位置时，如图2-9（b）所示，关闭了 C_2 腔回油路的通道，而接通了压力油路（处在活塞与控制阀之间），使压力油进入 C_2 腔。这时由于活塞上、下端受压力油作用面积的差异，使活塞向下运动，并撞击撞击器。在活塞向下运动的过程中打开了通道 O，如图2-9（c）所示，于是 C_2 腔中的压力油进入控制阀的上端，迫使阀体下降，随之关闭 C_2 腔与压力油的通路，打开它与回油路的通道，完成一次循环。蓄能器 M 可以缓和工作循环中油路内压力的波动并加快活塞与撞击部分的下降速度。液压破碎器每分钟撞击次数一般可达160～600次或更多。

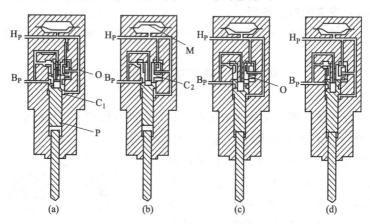

图2-9　液压破碎器的工作过程示意图

此外，还有机械式液压破碎器和气动式液压破碎器。

机械式液压破碎器的工作过程是：液压油的压力使锤的撞击部分提升，而加速下降则靠螺旋弹簧（当撞击部分提升时处于压缩状态）的能量和重力。这种液压破碎器的结构复杂，并且为了提高撞击的能量，往往不得不在很大程度上加大液压破碎器的尺寸和重量，因而限制了它的发展。

气动式液压破碎器是靠液压油的压力使锤的撞击部分提升，而加速下降则靠压缩空气的气动弹簧。由于在使用中必须增设压缩空气供给装置，造成很多不便。

二、液压破碎器的选用

1. 液压破碎器的选用原则

越来越多的用户在购买液压挖掘机时选择了液压破碎器（锤）配套装置，以便在挖掘建筑物基础的工作中，更有效地清理浮动的石块和岩石缝隙中的泥土。

选用液压破碎器的原则是，根据挖掘机的作业稳定性、工作装置液压回路的工作压力及功率消耗等，选择合适的液压破碎器。

使用前应仔细阅读液压挖掘机的使用说明书，或向挖掘机生产厂家、销售商进行技术咨询。液压破碎器与挖掘机合理匹配，可使液压破碎器更好地发挥效率，保障液压破碎器和挖掘机的使用寿命。一般情况下，主要从主机工作重量、安装液压破碎器的备用阀的输出流量和压力等方面进行考虑。

2. 液压破碎器的选择及校核

一般情况下可根据液压挖掘机主机的总重选择液压破碎器。与主机主要匹配参数有两个：主机液压泵的压力和流量；主机的总重。

选用时，可按下列公式校核：

$$G < 0.9(W + \gamma q)$$

式中　W——标准铲斗的重量；

　　　γ——沙土的容重；

　　　q——标准铲斗的容量；

　　　G——液压破碎器总重，$G = G_1 + G_2 + G_3$；

　　　G_1——中间支座的重量；

　　　G_2——破碎器的重量；

G_3——作业工具（如凿子、扁铲、镐等）的重量。

若液压破碎器总重（G）为标准铲斗的重量（W）和铲斗中沙土的重量（γq）总和的 90% 以下时，则可以认为液压破碎器的选用是正确的。

三、液压破碎器的使用技术

现以国产 YC 系列液压破碎器为例，说明液压破碎器的正确使用方法。

① 仔细阅读液压破碎器的操作手册，防止损坏液压破碎器和挖掘机，并有效地进行操作。

② 操作前检查螺栓和连接头是否松动，以及液压管路是否有泄漏现象。

③ 不要用液压破碎器在坚硬的岩石上啄洞。

④ 不要在液压缸的活塞杆完全伸出或收缩状况下操作破碎器。

⑤ 当液压软管出现剧烈振动时，应停止破碎器的操作，并检查蓄能器的压力。

⑥ 防止挖掘机的动臂与破碎器的钻头之间出现干涉现象。

⑦ 除钻头外，不要把破碎器浸入水中。

⑧ 不要把破碎器作为起吊机具使用。

⑨ 不要在挖掘机履带两侧操作破碎器。

⑩ 液压破碎器与液压挖掘机或其他工程建设机械安装连接时，其主机液压系统的工作压力和流量必须符合液压破碎器的技术参数要求，液压破碎器的 P 口与主机高压油路连接，O 口与主机回油路连接。

⑪ 液压破碎器工作时，液压油的最佳温度为 50～60℃，最高不得超过 80℃。否则，应减轻液压破碎器的负载。

⑫ 液压破碎器使用的工作介质，通常可以与主机液压系统用油一致。一般地区推荐使用 YB-N46 或 YB-N68 抗磨液压油，寒冷地区使用 YC-N46 或 YC-N68 低温液压油。液压油过滤精度应不低于 $50\mu m$。

⑬ 新的和修理后的液压破碎器启动时必须重新充氮气，其压

力为 （2.5±0.5)MPa。

⑭ 钎杆柄部与缸体导向套之间必须用钙基润滑脂或复合钙基润滑脂进行润滑，且每台班加注一次。

⑮ 液压破碎器工作时必须先将钎杆压在岩石上，并保持一定压力后才开动破碎器，不允许在悬空状态下启动。

⑯ 不允许把液压破碎器作为撬杠使用，以免折断钎杆。

⑰ 使用时液压破碎器及钎杆应垂直于工作面，以不产生径向力为原则。

⑱ 被破碎对象以出现破裂或开始产生裂纹时应立即停止破碎器的冲击，以免出现有害的"空打"现象。

⑲ 液压破碎器若长期停止使用应放尽氮气，并将进、出油口密封，切忌在高温和－20℃以下的环境下放置。

第三章　挖掘机的回转装置

液压挖掘机的回转装置由转台、回转支撑和回转机构等组成（图3-1）。回转支撑的外座圈用螺栓与转台连接，带齿的内座圈与底架用螺栓连接，内、外座圈之间设有滚动体。挖掘机工作装置作用在转台上的垂直载荷、水平载荷和倾覆力矩通过回转支撑的外座圈、滚动体和内座圈传给底架。回转机构的壳体固定在转台上，用小齿轮与回转支撑内座圈上的齿圈相啮合。小齿轮既可绕自身的轴线自转，又可绕转台中心线公转。回转机构工作时转台相对底架进行回转。

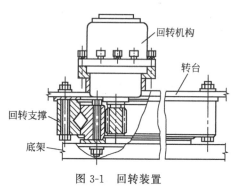

图 3-1　回转装置

第一节　回　转　机　构

根据转台转动的角度不同，可分为半回转的回转机构和全回转的回转机构。

一、半回转的回转机构

悬挂式液压挖掘机通常采用半回转的回转机构，回转角度一般等于或小于180°。按液动机的结构形式可分为油缸和叶片式液压马达两类。

1. 油缸驱动的回转机构

图 3-2 所示为油缸驱动的回转机构。图 3-2（a）所示为链条或钢绳式；图 3-2（b）、（c）所示为齿条齿轮式；图 3-2（d）为杠杆式。这几种传动方式均采用油缸作动力，通过链条链轮或钢绳滑轮、齿条齿轮、杠杆系统驱动工作装置绕回转轴回转。前两者转角较大，转矩稳定，油缸不摆动，因而易于布置，但结构复杂。齿条齿轮传动机构有单齿条和全齿条油缸两种系列，转角一般为 90°、120° 和 180°，个别可到 270°。杠杆式传动方式结构简单，但转角较小，在回转过程中转矩是变化的，且油缸处于摆动状态，因而不便布置。

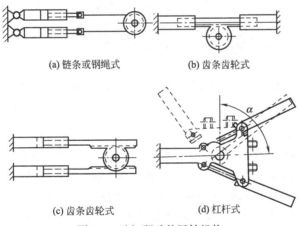

(a) 链条或钢绳式　　　　(b) 齿条齿轮式

(c) 齿条齿轮式　　　　(d) 杠杆式

图 3-2　油缸驱动的回转机构

2. 叶片式液压马达驱动的回转机构

图 3-3 所示为叶片式液压马达驱动的回转机构，此种回转机构结构简单，转角大，转矩稳定，空间尺寸小，但液压马达加工精度要求较高，工作效率低。图 3-4 所示为叶片式液压马达驱动的回转机构液压油路系统。

二、全回转的回转机构

全回转的回转机构按液动机的机构形式分为高速方案和低速方

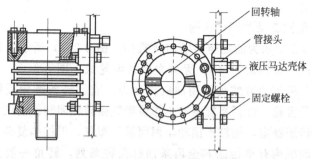

图 3-3 叶片式液压马达驱动的回转机构

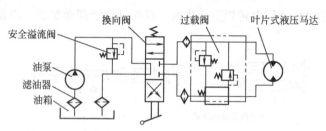

图 3-4 叶片式液压马达驱动的回转机构液压油路系统

案两类。

1. 高速方案

由高速液压马达经齿轮减速箱带动回转小齿轮绕回转支撑上的固定齿圈滚动促使转台回转的方案称为高速方案。图 3-5 所示为斜轴式高速液压马达驱动的回转机构传动简图，图（a）采用两级正齿轮传动，图（b）采用一级正齿轮和一级行星齿轮传动，图（c）采用两级行星齿轮传动，图（d）采用一级正齿轮和两级行星齿轮传动。因此，减速箱的速比以图（a）最小，以图（d）最大，在高速轴上均装有机械制动器。

图 3-6 所示为一种新型的具有行星摆线针轮减速器的斜轴式液压马达驱动的回转机构。其特点是机构紧凑、速比大、过载能力强。德国 Liebherr 公司生产的挖掘机和我国生产的 WY160、WY250 型挖掘机，其回转机构均采用行星摆线针轮减速器的高速方案。

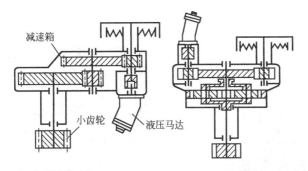

(a) 两级正齿轮传动　　　　　(b) 一级正齿轮和一级行星齿轮传动

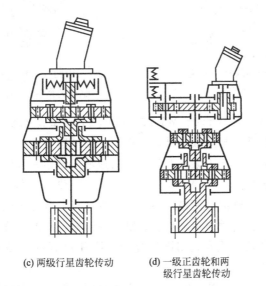

(c) 两级行星齿轮传动　　　(d) 一级正齿轮和两
级行星齿轮传动

图 3-5　斜轴式高速液压马达驱动的回转机构传动简图

2. 低速方案

由低速大扭矩液压马达直接带动回转小齿轮促使转台回转的方案称为低速方案。这种方案采用的液压马达通常为内曲线式、静力平衡和行星柱塞式等。图 3-7 所示为内曲线多作用液压马达驱动的回转机构传动。由于低速大扭矩液压马达的制动性能较好，故未采用另外的制动器。法国 Poclain 公司生产的挖掘机和我国生产的

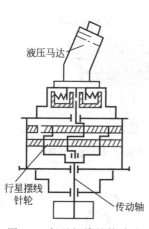

液压马达

行星摆线
针轮

传动轴

图 3-6 行星摆线针轮减速
器回转机构传动

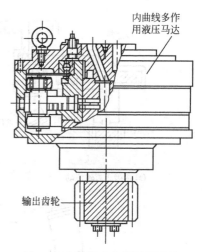

内曲线多作
用液压马达

输出齿轮

图 3-7 内曲线多作用液压马达
驱动的回转机构传动

WY40、WLY40、WY60、WLY60 和 WY100 型挖掘机,其回转机构均采用低速大扭矩液压马达直接驱动的低速方案。

高速方案和低速方案各有特点:高速液压马达具有体积小,效率高,不需背压补油,便于设置小制动器,发热和功率损失小,工作可靠,可以与轴向柱塞泵的零件通用等优点;低速大扭矩液压马达具有零件少,传动简单,启动、制动性能好,对油污染的敏感性小,使用寿命长等优点。据国外统计,约有 80% 的产品采用轴向高速液压马达,而有 20% 左右的产品由于买不到经济合理的减速箱而采用低速液压马达。在高速方案中采用弯轴式轴向柱塞液压马达者占大多数。

三、回转机构的传动方式

1. 回转机构传动方式的种类

(1) 传动方式 A 如图 3-8 所示,定量泵向高压管路供油,当压力过高时可由安全阀溢流。操纵换向阀,高压油经管路进入回转马达,马达出口的低压油经管路和换向阀流回油箱,马达从而转动起来。回转方向由换向阀控制,当操纵杆向前时(图中的换向阀芯

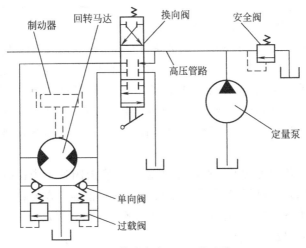

图 3-8　传动方式 A、B 的油路

向上移），转台向右转，当操纵杆向后时（图中的换向阀芯向下移），转台向左转，当操纵杆处于中位时（图中的位置），液压马达进、出油路被切断，在转台上部惯性力矩作用下，液压马达变为泵而工作，压腔的油压升高，如果仍低于过载阀的压力，液压马达在反力矩作用下立即制动，过载阀起制动作用，惯性能为液压油所吸收，如果超过过载阀的压力，部分油经过载阀流回油箱，液压马达

继续回转，直到低于过载阀的压力，液压马达才停止转动，过载阀起缓冲保护作用。液压马达吸腔由于压力减小，低压油经单向阀及时进行补油，以防止吸空而损坏液压马达。由此可见，纯液压制动的制动力矩取决于过载阀的调定压力。

（2）传动方式 B　传动方式 B（图 3-8）与方式 A 的不同之处增设了一个附加机械制动器

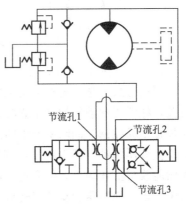

图 3-9　带节流孔的 Y 形换向阀

（图中虚线）。因此，转台的制动是通过液压制动和机械制动的共同作用来实现的。为了取得良好的制动效果，可以再加一个节流阀。图 3-9 所示为 R961 液压挖掘机采用的带节流孔的 Y 形换向阀。节流孔 1、2 大于节流孔 3，当换向阀处于中位时，液压马达的进、出口油路并未完全切断，液压马达压腔的液压油除很少一部分经节流孔 3 流入油箱外，余者流入吸腔。由于节流孔 1 和 2 大于节流孔 3，压腔仍具有一定的压力，因而有制动作用，相应的发热量也不致太大。

（3）传动方式 C　如图 3-10 所示，换向阀处于中位时（即图中的状态），液压马达的进、出口油路互相接通，在转台上部惯性力矩作用下，液压马达可自由回转而不产生液压制动力矩。转台的制动仅靠机械制动器来实现。

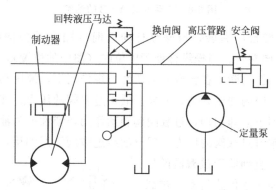

图 3-10　传动方式 C 的油路

2. 回转机构传动方式的特点

制动方式的选择与挖掘机工作情况和回转液压马达的结构形式有关，纯液压制动结构简单紧凑，制动过程平稳，但转台转角和制动位置不易控制，制动所产生的油温较高，回转时间也较长。如采用反接液压制动（即先将换向阀置于另一个方向再回到中位）时，固然能改善上述缺点，但会进一步导致油温升高，并加剧换向时的液压冲击。纯液压制动的回转机构，一般在转台和底架之间设置一个插销式机械锁，以保障机械在长期停车、长距离行驶或在坡道上停止时不会因液压马达的泄漏而自行转动。

液压制动加机械制动可加大制动力矩，减少制动时间，定位准确，制动油温不高。与纯机械制动相比，在制动力矩相同的情况下，可减小机械制动器的尺寸。

纯机械制动，转台位置容易控制，制动力矩大，制动时间短，工作比较可靠，制动时转台的转动惯量几乎全部转变为机械制动器的摩擦能，而不像前两种制动方式那样，即转台的转动惯量变为液压系统中油的热量，但其结构复杂，也不像液压制动那样可以吸收冲击。

据统计，液压制动加机械制动应用最为广泛，而纯液压制动则限于低速大扭矩液压马达驱动的回转机构中。还有的液压挖掘机回转机构采用闭式油路系统（图 3-11），液压马达的回油直接返回油泵，为了弥补系统的漏损，附设一个补油泵。这种闭式油路系统不仅可减少启动、制动过程的发热损失，还可在制动时回收能量。

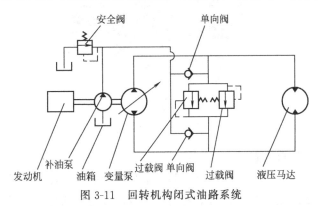

图 3-11　回转机构闭式油路系统

第二节　转　　台

一、转台结构

转台的主要承载部分是由钢板焊接成的抗弯刚度很大的箱形框架结构纵梁。动臂及其液压缸就支在主梁的凸耳上。大型挖掘机的动臂支承多用双凸耳。纵梁下有衬板和支承环与回转支撑连接，左右侧焊有小框架作为附加承载部分。转台支承处应有足够的刚度，以保证回转支撑正常运转。转台结构如图 3-12 所示。

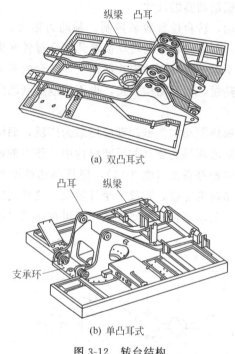

(a) 双凸耳式

(b) 单凸耳式

图 3-12　转台结构

二、转台布置

液压挖掘机作业时转台上部自重和载荷的合力位置是经常变化的，并偏向载荷方面。为平衡载荷力矩，转台上的各个装置需要合理布置，并在尾部设置配重，以改善转台下部结构的受力，减轻回转支撑的磨损，保证整机的稳定性。

图 3-13 所示为国产 WY160 型全液压挖掘机的转台布置，发动机横向布置在转台尾部。图 3-14 所示为日产 HC-300 型半液压挖掘机的转台布置，发动机纵向布置在转台尾部。

液压挖掘机转台布置的原则是左右对称，尽量做到质量均衡，

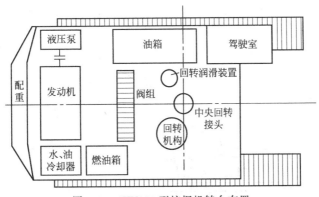

图 3-13　WY160 型挖掘机转台布置

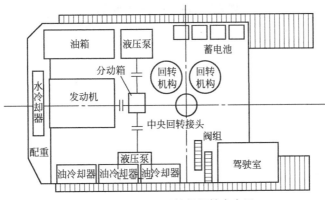

图 3-14　HC-300 型挖掘机转台布置

较重的总成、部件靠近转台尾部。此外，还要考虑各个装置工作上的协调和维修方便等。有时转台布置受结构尺寸限制，重心偏离纵轴线，致使左、右履带接地比压不等而影响行走架结构强度和挖掘机行驶性能。此时可通过调整配重的重心来解决以上问题。图 3-15 中 x 与 x' 分别为转台重心与配重重心偏离纵轴线值。

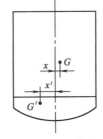

图 3-15　调整配
重横向位置

确定配重布置位置的原则，是使挖掘机重载、大幅度作业时转台上部分合力 F_R 的偏心距

e 与其空载、小幅度作业时的合力 F'_R 的偏心距 e' 大致相同，如图 3-16 所示。

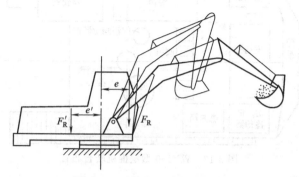

图 3-16　确定配重时的偏心距

第四章　挖掘机的行走装置

由于行走装置兼有液压挖掘机的支撑和运行两大功能，因此液压挖掘机行走装置应尽量满足以下要求。

① 应有较大的驱动力，使挖掘机在湿软或高低不平等不良的地面上行走时具有良好的通过性能、爬坡性能和转向性能。

② 在不增大行走装置高度的前提下使挖掘机具有较大的离地间隙，以提高其在不平地面上的越野性能。

③ 行走装置应具有较大的支撑面积或较小的接地比压，以提高挖掘机的稳定性。

④ 挖掘机在斜坡下行时应不发生下滑和超速溜坡现象，以提高挖掘机的安全性。

⑤ 行走装置的外形尺寸应符合道路运输的要求。

液压挖掘机的行走装置，按结构可分为履带式和轮胎式两大类。

履带式行走装置的特点是，驱动力大（通常每条履带的驱动力可达机重的 35％～45％），接地比压小（40～50kPa），因而越野性能及稳定性好，爬坡能力大（一般为 50％～80％，最大的可达100％），且转弯半径小，灵活性好。履带式行走装置在液压挖掘机上使用较为普遍，但其制造成本高，运行速度低，运行和转向时功率消耗大，零件磨损快，因此挖掘机长距离运行时需借助其他运输车辆。

轮胎式行走装置与履带式行走装置相比，优点是运行速度快，机动性好，运行时需要用专门支腿支撑，以确保挖掘机的稳定性和安全性。

第一节 履带式行走装置

一、组成与工作原理

如图 4-1 所示，履带式行走装置由"四轮一带"（即驱动轮 2、

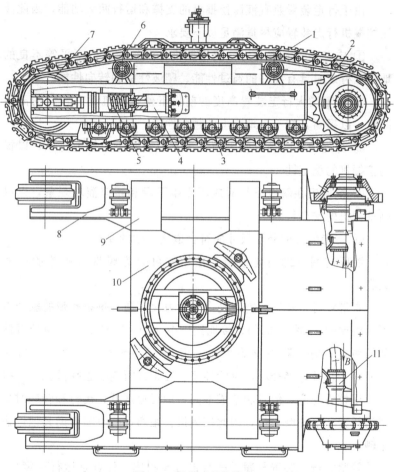

图 4-1 履带式行走装置

1—履带；2—驱动轮；3—支重轮；4—张紧装置；5—缓冲弹簧；6—托轮；
7—导向轮；8—履带架；9—横梁；10—底架；11—行走机构

导向轮 7、支重轮 3、托轮 6、履带 1）、张紧装置 4、缓冲弹簧 5、行走机构 11、行走架（包括底架 10、横梁 9 和履带架 8）等组成。

挖掘机运行时驱动轮在履带的紧边——驱动段及接地段（支撑段）产生一拉力，企图把履带从支重轮下拉出，由于支重轮下的履带与地面间有足够的附着力，阻止履带的拉出，迫使驱动轮卷动履带，导向轮再把履带铺设到地面上，从而使挖掘机借助支重轮沿着履带轨道向前运行。

液压传动的履带行走装置，挖掘机转向时由安装在两条履带上、分别由两台液压泵供油的行走马达（用一台油泵供油时需采用专用的控制阀来操纵）通过对油路的控制，很方便地实现转向或就地转弯，以适应挖掘机在各种地面、场地上运动。图 4-2 所示为液压挖掘机的转弯情况，图（a）为两个行走马达旋转方向相反、挖掘机就地转向，图

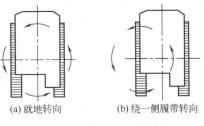

(a) 就地转向　　　　(b) 绕一侧履带转向

图 4-2　履带式液压挖掘机的转向

（b）为液压泵仅向一个行走马达供油，挖掘机则绕着一侧履带转向。

二、结构

1. 行走架

行走架是履带式行走装置的承重骨架，它由底架、横梁和履带架组成，通常用 16Mn 钢板焊接而成。底架连接转台，承受挖掘机上部的载荷，并通过横梁传给履带架。

行走架按结构可分为组合式和整体式两种。

如图 4-3 所示，组合式行走架的底架为框架结构，横梁是工字钢或焊接的箱形梁，插入履带架孔中。履带架通常采用下部敞开的Ⅱ形截面，两端呈叉形，以便安装驱动轮、导向轮和支重轮。

组合式行走架的优点是，当需要改善挖掘机的稳定性和降低接地比压时，不需要改变底架结构就能加宽横梁和加长履带架，从而

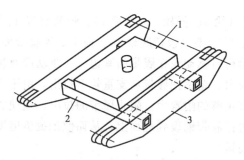

图 4-3　组合式行走架
1—底架；2—横梁；3—履带架

安装不同长度和宽度的履带。它的缺点是履带架截面削弱较多，刚度较差，并且截面削弱处易产生裂缝。

　　为了克服上述缺点，越来越多的液压挖掘机采用整体式行走架（图 4-1），它的结构简单，自重轻，刚度大，制造成本低。支重轮直径较小，在行走装置的长度内，每侧可安装 5～9 个支重轮。这样可使挖掘机上部重量均匀地传至地面，便于在承载能力较低的地面使用，提高行走性能。

　　2. 四轮一带

　　由履带和驱动轮、导向轮、支重轮、托轮组成的四轮一带，直接关系到挖掘机的工作性能和行走性能，其重量及制造成本约占整机的 1/4。

　　（1）履带　挖掘机的履带有整体式和组合式两种。

　　整体式履带是履带板上带啮合齿，直接与驱动轮啮合，履带板本身成为支重轮等轮子的滚动轨道。整体式履带制造方便，连接履带板的销子容易拆装，但磨损较快，标准化、系统化、通用化性能差。

　　目前液压挖掘机广泛采用组合式履带。如图 4-4 所示，它由履带板 1、链轨节 9 和 10、履带销轴 4 和销套 5 等组成。左、右链轨节与销套紧配合连接，履带销轴插入销套有一定间隙，以便转动灵活，其两端与另两个链轨节孔紧配合。锁紧履带销 7 与链轨节孔为动配合，便于整个履带的拆装。组合式履带的节距小，绕转性好，

54

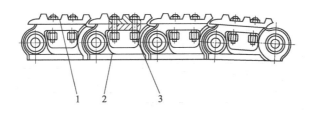

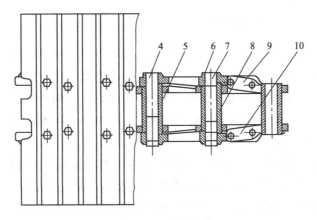

图 4-4　组合式履带

1—履带板；2—螺栓；3—螺母；4—履带销轴；5—销套；6—锁紧销垫；
7—锁紧履带销；8—锁紧销套；9,10—左右链轨节

使挖掘机行走速度较快，销轴和销套硬度较高、耐磨，使用寿命长。

液压挖掘机用履带板多为重量轻、强度高、结构简单和价格便宜的轧制履带板［图 4-5（a）］，它有单筋、双筋和三筋等数种。单筋履带板的筋较高，易插入土壤，产生较大的附着力；双筋履带板使挖掘机转向方便，且履带板刚度加大；三筋履带板筋的高度小，使履带板的强度和刚度提高、承载能力大，履带运动平顺、噪声小，故挖掘机多用。

三筋履带板上有四个连接孔，中间有两个清泥孔，链轨绕过驱动轮时可借助轮齿自动清除黏附在链轨节上的泥土。相邻两履带板制成有搭接部分，防止履带板之间夹进石块而造成履带板损坏。

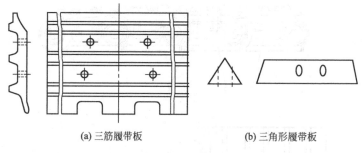

(a) 三筋履带板   (b) 三角形履带板

图 4-5　履带板

沼泽、湿软地带使用的液压挖掘机可采用三角形履带板［图4-5（b）］，其横断面为三角形，纵断面呈梯形，相邻两三角形板的两侧面将松软土壤挤压，使其密度增大，同时接地比压也较小（20～35kPa），因而提高了行走装置的支撑能力。

（2）支重轮　利用支重轮将挖掘机重量传给地面，挖掘机在不平路面上行驶时支重轮经常承受地面冲击力，因此支重轮所受载荷较大。此外，支重轮的工作条件也较恶劣，经常处于尘土中，有时还浸泡在泥水中，故要求密封良好。支重轮体常用35Mn或50Mn钢铸造而成，轮面淬火硬度为48～57HRC，以获得良好的耐磨性。支重轮多采用滑动轴承支撑，并用浮动油封防尘。

支重轮的结构如图4-6所示，通过两端轴座固定在履带架上。支重轮的轮边凸缘，起夹持履带的作用，以免履带行走时横向脱落。为了在有限的长度上多安排几个支重轮，往往把支重轮中的几个做成无外凸缘的，并把有、无凸缘的支重轮交替排列。

润滑滑动轴承及油封的润滑脂从支重轮体中间的螺塞孔加入，通常在一个大修期间只加注一次，简化了挖掘机的平时保养工作。

托轮与支重轮的基本相同。

（3）导向轮　用导向轮来引导履带正确绕转，防止其跑偏和越轨。多数液压挖掘机的导向轮同时起到支重轮的作用，这样可增加履带对地面的接触面积，减小接地比压。导向轮的轮面制成光面，中间有挡肩环作导向用，两侧的环面则支撑轨链。导向轮与最靠近

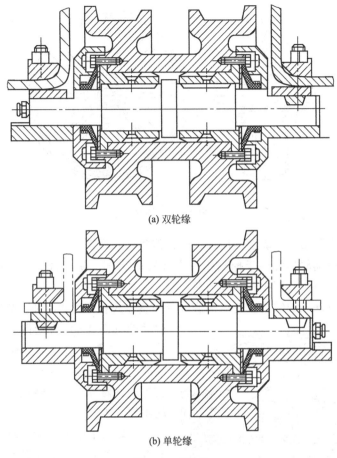

(a) 双轮缘

(b) 单轮缘

图 4-6 支重轮

的支重轮的距离愈小，则导向性能愈好，其结构如图 4-7 所示。

导向轮通常用 40、45 钢或 35Mn 钢铸造，调质处理，硬度为 230～270HB。

为了使导向轮充分发挥作用并延长其使用寿命，其轮面对中心孔的径向跳动应不大于 3mm，安装时要正确对中。

（4）驱动轮 液压挖掘机发动机的动力是通过行走马达和驱动轮传给履带的，因此驱动轮应与履带的轨链啮合正确、传动平稳，

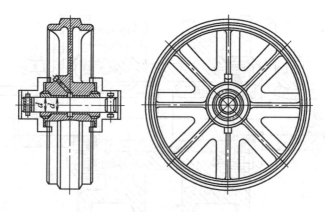

图 4-7　导向轮

并且当履带因销套磨损而伸长时仍能很好啮合。

驱动轮通常位于挖掘机行走装置的后部，使履带的张紧段较短，以减少其磨损和功率消耗。

驱动轮的结构按轮体构造可分为整体式和分体式两种。分体式驱动轮（图 4-8）的轮齿被分为 5～9 片齿圈，这样部分轮齿磨损时不必卸下履带便可更换，在施工现场修理方便且降低挖掘机的维修成本。

图 4-8　分体式驱动轮

按轮齿节距的不同，驱动轮有等节距的和不等节距两种。其中等节距驱动轮使用较多，而不等节距驱动轮则是新型结构，其齿数较少，且有两个齿的节距较小，其余齿的节距均相等，如图 4-9 所示。

不等节距驱动轮在履带包角范围内只有两个轮齿同时啮合，并且驱动轮的轮面与链轨节表面相接触，因此一部分驱动扭矩便由驱动轮的轮面来传递，同时履带中最大的张紧力也由驱动轮轮面承受，这样就减少了轮齿的受力，减少了磨损，提高了驱动轮的使用

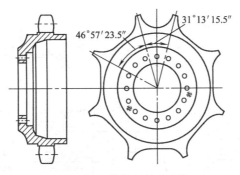

图 4-9 不等节距的驱动轮

寿命。

因驱动轮的轮齿工作时受履带销套反作用的压应力,并且轮齿与销套之间有磨料磨损,因此驱动轮应采用淬透性较好的钢材,如50Mn、45SiMn 等,并经中频淬火、低温回火,使其硬度达55~58HRC。

3. 张紧装置

液压挖掘机的履带式行走装置使用一段时间后由于链轨销轴的磨损会使节距增大,并使整个履带伸长,导致摩擦履带架、履带脱轨、行走装置噪声增大等,从而影响挖掘机的行走性能。因此,每条履带必须装设张紧装置,使履带经常保持一定的张紧度。

目前在液压挖掘机的履带式行走装置中广泛采用液压张紧装置。如图 4-10 所示,带有辅助液压缸的弹簧张紧装置借助于润滑用的黄油枪将润滑脂压注入液压缸,使活塞外伸,一端移动导向轮,另一端压缩弹簧。预紧后的弹簧留有适当的行程,起缓冲作用。图 4-10(a) 所示为液压缸直接顶动弹簧,结构简单,但外形尺寸较长;图 4-10(b) 所示为液压缸活塞置于弹簧当中,缩短了外形尺寸,但零件数多。

导向轮前后移动的调整距离略大于履带节距的 1/2,这样便可以在履带因磨损伸长过多时去掉一节链轨后仍能将履带连接上。履带松紧度调整应适当,检查方法如图 4-11 所示。先将木楔放在导向轮的前下方,使行走装置制动,然后缓慢驱动履带使其接地段张

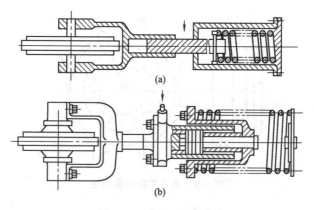

图 4-10　液压张紧装置

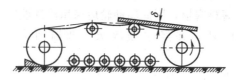

图 4-11　履带松紧度检查方法

紧，此时上部履带便松弛下垂。下垂度可用直尺搁在托轮和驱动轮
上测得，通常应不超过 3～4cm。

三、传动方式

液压挖掘机的履带式行走装置采用液压传动，它可以使履带行
走架结构简化，并省略了机械传动的一系列复杂的锥齿轮、离合器
及传动轴等零部件。履带式行走装置液压传动的方式是每条履带各
自有驱动的液压马达及减速装置，由于两个液压马达可以独立操
纵，因此，挖掘机的左右履带除可以同时前进、后退或一条履带驱
动、一条履带停止的转弯外，还可以两条履带相反方向驱动，使挖
掘机实现就地转向，提高了灵活性。

履带式行走装置的传动方式与回转机构的相似，可分为高速液
压马达驱动和低速液压马达驱动两种方案。高速方案通常是采用定
量轴向柱塞式或叶片式或齿轮式液压马达，通过多级正齿轮或正齿
轮和行星齿轮组合的减速器，最后驱动履带的驱动轮。

采用高速液压马达驱动，由于液压马达转速可达 2000～3000r/min，因此，减速装置需要一对或两对正齿轮与一列或两列行星齿轮组合成减速器，并与液压马达和制动器组成一个独立、紧凑的整体。

图 4-12 (a) 所示为单列行星齿轮减速器。轴向柱塞式液压马达 1 经两对正齿轮 2、3 驱动行星轮系的太阳轮 8，由于内齿轮圈 5 和机壳 4 固定，因此，太阳轮运转时便驱动行星轮 7 绕内齿圈转动，此时与行星架连接的履带驱动轮 6 也随之转动，其转向与太阳轮相同。

图 4-12 (b) 所示为双列行星齿轮减速器，速比较大。液压马达的高速输出轴上直接安装盘式制动器 9，因此结构紧凑、制动效果较好。

行走装置的制动器有常闭和常开两种，常闭式制动器平时用弹簧力紧闸，工作时用分流油压力松闸；常开式制动器用液压或手动操作紧闸。为了防止润滑油侵入制动器的摩擦面，在制动器和减速器之间装有密封圈。

上述减速装置由于采用了行星轮系，速比大，体积小，使挖掘机的离地间隙较大，通过性能好。其缺点是减速器连同液压马达一起较长，倒车或越野行走时遇较大的障碍物可能会碰坏液压马达。近年来有一种液压马达和减速器都安装在履带驱动轮内的结构，如图 4-13 所示。液压马达外壳 4 固定在履带架上，液压马达 1 供油后缸体转动，动力由轴 2 输出，经两列行星齿轮 5、6 后驱动减速器外壳 7 以及与其相固定的驱动轮 9。驱动轮的载荷通过减速器外壳 7、轴承 3 由马达壳体 4 来支持。液压马达的输出轴另一端装有制动器 8，以保证安全工作。在马达外壳和减速器外壳之间装有浮动油封，防止灰尘侵入。这种驱动装置结构紧凑，外形尺寸不超过履带板宽度，因此挖掘机的离地间隙大，通过性能好，但液压马达装在中间，散热条件差，且修理不太方便。

有些液压挖掘机采用低速大扭矩液压马达驱动，可省去减速装置，使行走机构大为简化，但往往因挖掘机爬坡或转向时阻力

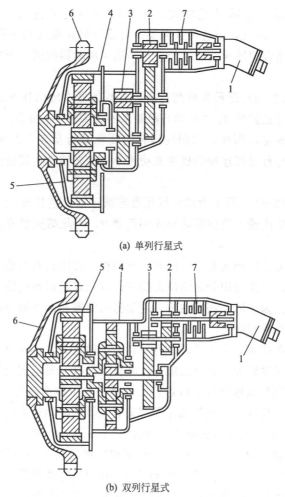

(a) 单列行星式

(b) 双列行星式

图 4-12　行走减速器

1—液压马达；2,3—正齿轮；4—机壳；5—内齿圈；

6—驱动轮；7—制动器

很大，使液压马达低速运转的效率很低，故一般还是采用一级正
齿轮或行星齿轮减速，以减小低速液压马达的输出扭矩和径向
尺寸。

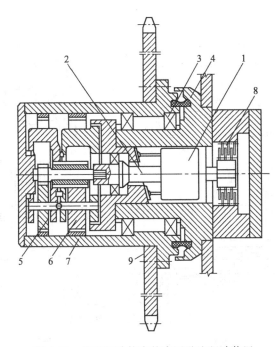

图 4-13　位于驱动轮内的液压马达驱动装置

1—液压马达；2—轴；3—轴承；4—马达外壳；5,6—行星齿轮；

7—减速器外壳；8—制动器；9—驱动轮

第二节　轮胎式行走装置

一、种类

轮胎式液压挖掘机行走装置的结构有很多种，有采用标准汽车底盘的或轮式拖拉机底盘的，但斗容量稍大、工作性能要求较高的轮胎式液压挖掘机则采用专用的轮胎底盘，如图4-14所示。

①无支腿，全轮驱动，转台布置在两轴的中间，两轴轮距相同 [图4-14 （a）]。其优点是省去了支腿，结构简单，便于在狭窄工地上作业，机动性好。缺点是挖掘机行走时转向桥负载大，转向操作费力或需要设置液压助力装置。因此，这种结构的行走装置仅

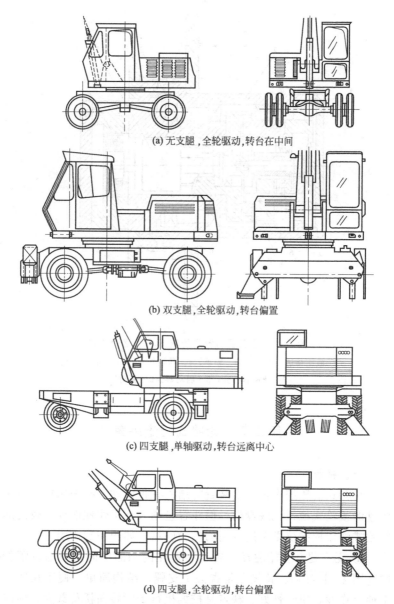

(a) 无支腿,全轮驱动,转台在中间

(b) 双支腿,全轮驱动,转台偏置

(c) 四支腿,单轴驱动,转台远离中心

(d) 四支腿,全轮驱动,转台偏置

图 4-14 轮胎式液压挖掘机专用底盘行走装置

适用于小型轮胎式液压挖掘机。

② 双支腿，全轮驱动，转台偏于固定轴（后桥）一边［图 4-14（b）］。其特点是减轻了转向桥的负载，使转向操作较轻便；支腿装在固定轴一边，保证了挖掘机作业时的稳定性。这种结构的行走装置多用于小型轮胎式液压挖掘机。

③ 四支腿，单轴驱动，转台远离中心［图 4-14（c）］。其优点是驱动轮的轮距较大，而转向轮的轮距较小，转向时绕垂直轴转动；由于车轮形成三支点布置，受力较好，无需悬挂摆动装置，行驶时转向半径小，作业时四支腿支撑，稳定性好。其缺点是在松软地面上行驶时会形成三道轮辙，行驶阻力增大，而且三支点底盘的横向稳定性差。因此，这种结构的行走装置仅适用于小型挖掘机。

④ 四支腿，全轮驱动，转台接近固定轴（后桥）一边［图 4-14（d）］。其特点是前轴摆动，由于重心偏后，因此转向时阻力小，易操作，并且通过采用大型轮胎和低压轮胎，因而对地面要求较低。这种结构的行走装置广泛应用于大、中型挖掘机上。

与履带式行走装置相比较，轮胎式行走装置的主要特点如下。

① 要求地面平整、坚实，以免轮辙过深，增加挖掘机行驶阻力、转向阻力，影响挖掘机的稳定性。

② 轮胎式挖掘机的行走速度通常不超过 20km/h，爬坡能力为 40%～60%。

③ 为了改善挖掘机的越野性能，宜采用全轮驱动，液压悬挂平衡摆动轴。作业时由液压支腿支撑，使前、后桥卸荷，进而使整机稳定性得以提高。

二、结构

轮胎式液压挖掘机行走装置如图 4-15 所示，通常由箱形结构的车架 1、前桥 3、后桥 7、行走传动机构及支腿等组成。后桥刚性悬挂，而前桥则制成中间铰接的液压悬挂的平衡装置。

1. 传动装置

轮胎式液压挖掘机行走装置的传动分机械传动、液压机械传动

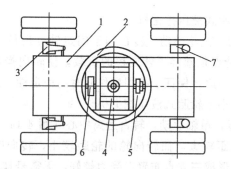

图 4-15　轮胎式液压挖掘机行走装置

1—车架；2—回转支撑；3—前桥；4—中央回转接头；

5—万向传动；6—制动器；7—后桥

和全液压传动三种方式。

（1）机械传动　在液压挖掘机中有一种称为半液压传动的挖掘机，即工作装置为液压传动，而行走装置为机械传动，如图 4-16 所示。

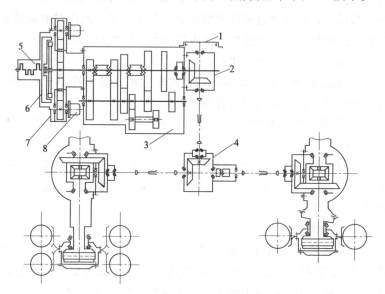

图 4-16　轮胎式挖掘机行走装置的机械传动

1—驻车制动器；2—上传动箱；3—变速箱；4—下传动箱；

5—柴油机；6—离合器；7—传动箱；8—液压泵

柴油机 5 的动力经离合器 6 分别传至液压泵 8、传动箱 7 及行走变速箱 3。挖掘机作业时行走变速箱处于空挡位置,行走时可通过拨叉操纵前进挡或倒退挡,此时行走变速箱输出的动力经上传动箱 2 由垂直传动轴、回转中心传至底盘,在底盘上通过下传动箱 4 传至前、后驱动桥。按照地面条件可使前桥接通或脱开,以保证挖掘机的通过性。

挖掘机行走装置采用机械传动方式的优点是,传动效率高,成本低,维修方便;其缺点是结构复杂,换挡操作动作慢,影响挖掘机牵引特性的充分发挥。

(2) 液压机械传动 如图 4-17 所示,轮胎式液压挖掘机行走装置较为普遍的传动方式是,行走液压马达直接安装在变速箱 3 上,变速箱通过传动轴将动力传至前、后桥 4、1,或再经轮边减速装置驱动前、后桥的驱动轮。变速箱由专用的气压或液压系统操纵,有越野挡、公路挡和拖挂挡三种速度 (图 4-18)。

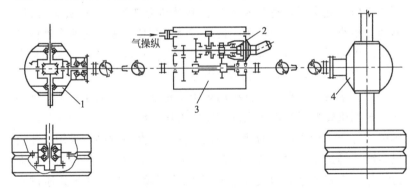

图 4-17　轮胎式挖掘机行走装置的液压机械传动
1—后桥;2—液压马达;3—变速箱;4—前桥

轮胎式液压挖掘机液压机械传动的行走装置中采用高速液压马达,使用可靠,比机械传动的机构简单,省掉了上、下传动箱及垂直轴,总体布置也较为方便。

此外,轮胎式液压挖掘机还有一种采用两个高速液压马达驱动的行走传动方式,通过对两个液压马达的串联或并联供油可以达到

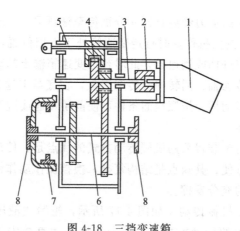

图 4-18　三挡变速箱

1—液压马达；2—联轴器；3—变速轴；4—滑动齿轮；5—变速滑杆；

6—输出轴；7—驻车制动器；8—输出圆盘

调速的目的，并且用较简单的变速箱即可得到较多的挡位数。如果两个液压马达串联，每个液压马达都得到全部流量，因此速度高、驱动力矩小，适合于挖掘机在良好道路上高速行驶；若两个液压马达并联供油时，则每个液压马达只得到全流量的一半，使挖掘机有较大的驱动力矩，适合于低速越野行驶。

（3）全液压传动　挖掘机的每个车轮都由一个液压马达单独驱动，挖掘机转弯时车轮之间的速度由液压系统调节，自行达到差速作用。每个车轮内所装的液压马达有低速和高速两种，采用低速大扭矩液压马达驱动时可省去减速箱，使行走装置传动机构的结构大为简化，维修方便，也使挖掘机的离地间隙加大，改善其通过性能，但对液压马达的要求较高，因为挖掘机行走性能的优劣主要取决于液压马达等液压元件的质量。

图 4-19 所示为采用高速液压马达驱动的车轮，驱动装置外壳 8 与桥 6 固定连接，高速液压马达 1 经双列行星齿轮减速器后驱动减速器外壳 7，车轮轮辋则与减速器固定连接，因此车轮得以驱动。采用高速液压马达驱动车轮，使挖掘机行走性能较好，同时行星齿轮传动的结构紧凑，使整个驱动装置可以安装在车轮内。

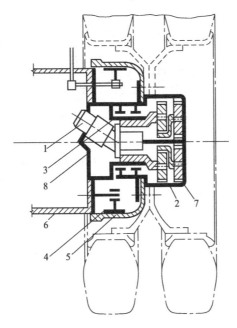

图 4-19　高速液压马达驱动的车轮

1—高速液压马达；2—行星减速器；3—轴承；4—制动蹄；
5—制动鼓；6—桥；7—减速器外壳；8—制动装置外壳

2. 悬挂装置

轮胎式液压挖掘机由于行走速度不太高，因此其后桥与车架一般采用刚性固定连接，使结构简化。但为了改善挖掘机的行走性能，其前桥均采用摆动式悬挂平衡装置，如图 4-20 所示。车架与前桥 4 通过中间的摆动铰销 3 铰接，两侧的液压缸 2 的一端与车架连接，活塞杆端与前桥连接。控制阀 1 有两个位置，图示位置为挖掘机在作业状态，控制阀将两个液压缸的工作腔与油箱的油路切断，此时液压缸将前桥的平衡悬挂锁住，使挖掘机作业稳定性得到保证。当挖掘机行走时控制阀的阀芯向左移动，使两个液压缸的工作腔相互连通，并与油箱接通，前桥便能适应路面的高低不平状况，上下摆动使轮胎与地面接触良好，充分发挥挖掘机的附着性能。

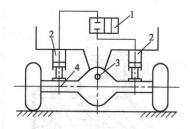

图 4-20　悬挂平衡装置

1—控制阀；2—液压缸；3—摆动铰销；4—前桥

第五章　挖掘机的操作与施工

第一节　液压挖掘机的控制与操作部件

本节以小松 PC200/220-7 机型为例，简要介绍挖掘机控制及操纵部件的位置、作用及使用。

一、挖掘机总图

本书中提到的方向，是指图 5-1 中箭头所示的方向。

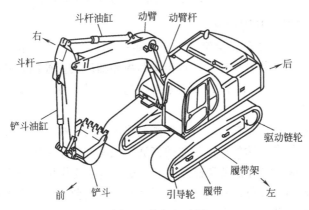

图 5-1　挖掘机总图

二、控制部件和仪表总图

图 5-2 所示为挖掘机控制部件在驾驶室中的位置总图。

图 5-3 所示为机器监控器仪表总图。

三、机器控制部件与仪表的功能和使用

为了正确、安全、舒适地进行各种操作，应充分掌握挖掘机控制装置的功能和操作方法，以及机器监控器中各种显示的意义。现以小松 PC 系列液压挖掘机为例，介绍各种操作装置的用途和使用方法。

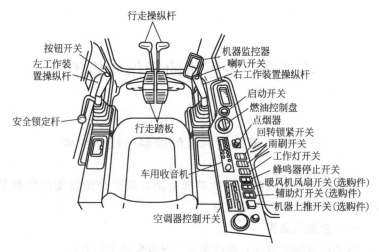

图 5-2　挖掘机控制部件在驾驶室中的位置总图

1. 操纵杆和脚踏板

挖掘机主要有安全锁定杆、行走操作杆、左手工作装置操作杆、右手工作装置操作杆、行走脚踏板和辅助装置控制脚踏板等操纵装置。图 5-4 所示为 PC200 系列挖掘机的操纵杆和脚踏板在驾驶室中的位置。

（1）安全锁定杆　通过电磁阀起作用，用于控制工作装置、回转马达和行走马达的液压油路的接通和关闭。安全锁定杆的位置如图 5-4 所示，它有锁紧和松开两个位置。其主要作用是防止工作装置、回转马达和行走马达产生错误动作，以避免发生安全事故。该杆处于松开位置时，操作工作装置、回转和行走操作杆，工作装置、回转马达和行走马达能够动作。该杆处于锁紧位置时，操作工作装置、回转和行走操作杆，工作装置、回转马达和行走马达均不能动作。此外，启动发动机，安全锁定杆应处于锁紧位置。若处于松开位置，发动机则不能启动。

注意事项如下。

① 离开驾驶室之前，要确定安全锁定杆是否处于锁紧位置。如果未处于锁紧位置，误碰左、右手操作杆或行走操作杆，而发动

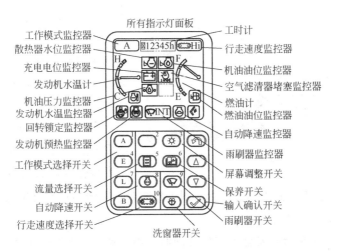

所有指示灯面板

工作模式监控器
散热器水位监控器
充电电位监控器
发动机水温计
机油压力监控器
发动机水温监控器
回转锁定监控器
发动机预热监控器
工作模式选择开关

流量选择开关
自动降速开关
行走速度选择开关

工时计
行走速度监控器
机油油位监控器
空气滤清器堵塞监控器
燃油计
燃油油位监控器
自动降速监控器
雨刷器监控器
屏幕调整开关
保养开关
输入确认开关
雨刷器开关

洗窗器开关

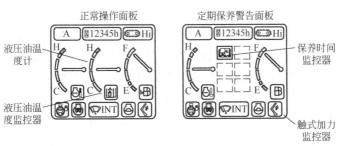

正常操作面板

液压油温度计

液压油温度监控器

定期保养警告面板

保养时间监控器

触式加力监控器

图 5-3　机器监控器仪表总图

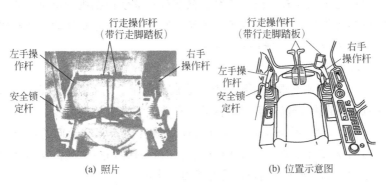

行走操作杆
（带行走脚踏板）
左手操作杆
右手操作杆
安全锁定杆

(a) 照片

行走操作杆
（带行走脚踏板）
左手操作杆
右手操作杆
安全锁定杆

(b) 位置示意图

图 5-4　PC200 系列挖掘机的操纵杆和脚踏板

图 5-5　安全锁定杆的锁紧位置

机此时又未熄火，会造成机器突然动作，引发严重的伤害事故。图 5-5 中箭头所示为安全锁定杆的锁紧位置。

② 放下安全锁定杆时，不要碰触工作装置操作杆或行走操作杆。若安全锁定杆未被真正的处于锁紧位置，则工作装置、回转马达和行走马达均有突然动作的危险。

③ 在抬起安全锁定杆的同时，不要碰触工作装置操作杆和行走操作杆。

（2）行走操作杆　用于控制挖掘机前后行走和左右转弯。一般情况下，行走操作杆带有脚踏板。当手不能用于操纵行走操作杆时，可以用脚踩脚踏板来控制挖掘机的行走。有的挖掘机上行走操作杆带有自动减速装置。当按下自动降速开关按钮，且行走操作杆处于中位时，自动降速装置可自动降低发动机的转速，以减少油耗。正常状态下，应将引导轮在前，驱动轮在后。此时，挖掘机的行走可用行走操作杆和脚踏板进行下述操作：欲使挖掘机前进时，向前推行走操作杆，或使脚踏板向前倾；欲使挖掘机后退时，向后拉行走操作杆，或使脚踏板向后倾；欲使挖掘机停止移动，使操作杆处于中位（N），或松开脚踏板。

注意事项如下。

① 机器不行驶，不要把脚放在脚踏板上。若把脚放在踏板上，一旦误踩踏板，机器会突然移动，有造成严重事故的可能。

② 一般情况下，应将驱动轮向后放置。若驱动轮向前，机器则向相反方向移动（即操作杆向前推时，机器向后移动；操作杆向后拉时，机器向前移动），易造成意外事故。

③ 有些挖掘机可能带有行驶警报器，若行走操作杆由中位向

前推或向后拉时，警报器会响，表示机器开始执行。

（3）左手工作装置操作杆　用于操作斗杆和回转，有的挖掘机上带有自动减速装置。按下述动作操作左手操作杆时，斗杆和上车体会产生相应的动作。

① 向下推：斗杆卸料。

② 向上拉：斗杆挖掘。

③ 向右拉：上车体向右回转。

④ 向左拉：上车体向左回转。

⑤ 中位（N）：当左手操作杆处于中位时，上部车体不回转，斗杆不动作。

（4）右手工作装置操作杆　用于操作动臂和铲斗，有的挖掘机上带有自动减速装置。按下述动作操作右手操作杆时，动臂和铲斗会产生相应的动作。

① 向下推：动臂下降。

② 向上拉：动臂抬起。

③ 向右推：铲斗卸料。

④ 向左拉：铲斗挖掘。

⑤ 中位（N）：当右手操作杆处于中位时，动臂和铲斗均不动作。

（5）附属装置控制踏板（选配件）

① 液压破碎器的操作　欲使用破碎器进行作业时，先把工作模式置于破碎作业模式，并使用锁销。踏板的前部分被压下时，破碎器工作。锁销在①位时起锁定作用；锁销在②位时是踏板半行程位置；锁销在③位时是踏板全行程位置（图 5-6）。

图 5-6　破碎器控制踏板

② 一般附属装置的操作　踩下踏板时，附属装置工作。锁销在①位时起锁定作用；锁销在②位时是踏板半行程位置；锁销在③位时是踏板全行程位置（图 5-7）。

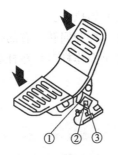

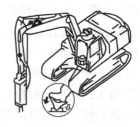

图 5-7　一般附属装置控制踏板　　　图 5-8　附属装置控制踏板的操作

注意事项：不操作踏板时，不要把脚放在踏板上。如工作时把脚放在踏板上，且无意中压下踏板，附属装置会突然动作（图 5-8），有可能造成严重伤害事故。

（6）自动降速功能的作用　是在机器空闲时自动降低发动机的转速，以达到减小燃油消耗的目的。当所有的操作杆都处于中位，发动机转速盘处于中速以上位置时，自动降速装置会在 1s 内将发动机的转速下降约 100r/min，约 4s 后，会将发动机的转速降至 1400r/min 左右，并保持不变。如果此时操作任一操作杆，发动机转速会在 1s 内迅速回升到油门控制盘设定的速度。所以在自动降速状态下，操作任一操作杆，发动机转速会突然升高，故此时操作应小心。

2. 开关

小松山推 PC200 系列挖掘机的常用控制开关如图 5-9 所示。

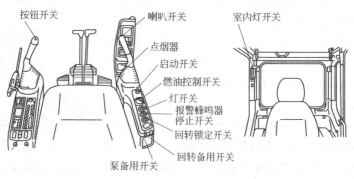

图 5-9　挖掘机操作的常用开关

（1）启动开关　用于启动或关闭发动机（图 5-10）。

图 5-10　发动机启动开关

① OFF（关闭）位置　在此位置上，可插入或拔出钥匙。此时，除驾驶室灯和时钟外，所有电气系统都处于断电状态，发动机关闭。

② ON（接通）位置　接通充电和照明电路，发动机运转时，钥匙保留在这个位置。

③ START（启动）位置　启动发动机，则将钥匙放在该位置，发动机启动后应立即松开钥匙，钥匙会自动回到 ON 位置。

④ HEAT（预热）位置　冬天启动发动机前，应先将钥匙转到这个位置，有利于启动发动机。钥匙置于预热位置时，监控器上的预热监测灯亮。将钥匙保持在这个位置，直至监测灯闪烁后熄灭，此时立即松开钥匙，钥匙会自动回到 OFF 位置，然后把钥匙转到 START 位置启动发动机。

（2）油门控制盘　用以调节发动机的转速和输出功率。旋转油门控制盘上的旋钮，可调节发动机油门的大小。

① MIN（低速）　向左（逆时针方向）转动此旋钮到底，发动机油门处于最小位置，发动机低速运转。

② MAX（高速）　向右（顺时针方向）转动此旋钮到底，发动机油门处于最大位置，发动机高速（全速）运转。

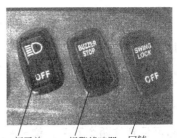

灯开关　　报警蜂鸣器　回转
　　　　　停止开关　锁定开关

图 5-11　回转锁定开关

（3）回转锁定开关　用于锁定上部车体，使上部车体不能回转（图 5-11）。此开关有如下两个位置。

① SWING LOCK（上车体锁定）位置　当回转锁定开关处于此位置时，回转锁定一直起作

用，此时即使操作回转操作杆，上部车体也不会回转。同时监控器上的回转锁定监控灯亮。

② OFF（回转锁定取消）位置　当回转锁定开关处于此位置时，回转锁定作用被取消。此时操作回转操作杆，上部车体即可回转。当左、右操作杆回到中位约 4s 后，回转停车制动即自动起作用（即上部车体被自动锁定）。当操作其中任一操作杆时，回转停车制动即自动被取消。

注意事项如下。

① 机器行走时，或者不进行回转操作时，要将此开关置于 SWING LOCK 位置。

② 在斜坡上，即使回转锁定开关在 SWING LOCK 位置，如果向下坡方向操作回转操作杆，工作装置也可能在自重作用下向下坡方向移动，对此要特别注意。

（4）灯开关　用于打开前灯、工作灯、后灯及监控器灯（图5-11）。它分为两个位置：ON（打开）和 OFF（关闭）。

（5）报警蜂鸣器停止开关　当发动机正在运转，蜂鸣器报警鸣响时，按下此开关可关闭蜂鸣器（图5-11）。

（6）喇叭按钮　此按钮位于右手操作杆顶端，按下此按钮喇叭鸣响。

（7）左手按钮开关（触式加力开关）　此按钮开关位于左手操作杆顶端，按下此按钮开关并按住，可使机器增加约 7% 的挖掘力。

（8）驾驶室灯开关　此开关用于控制驾驶室灯，位于驾驶室后部右上方。该开关处于向上位置时灯亮；位于向下位置时灯灭。启动开关即使在 OFF 位置，驾驶室灯开关也可接通，注意不要误使驾驶室灯一直亮着。

（9）泵备用开关和回转备用开关　泵备用开关和回转备用开关均位于右控制架后侧，打开盖板，即可见到这两个开关。位于左边的是泵备用开关，位于右边的是回转备用开关。

① 泵备用开关　挖掘机正常工作时，此开关应处于向下位置。

正常工作时，不可将此开关向上。

当机器监控器显示 E02 代码时（泵控制系统故障），蜂鸣器报警。若继续作业，发动机会冒黑烟，甚至熄停。此时可将此开关向上扳（接通），挖掘机仍可临时继续作业。

泵备用开关只是为了在泵控制系统出现异常时能继续进行短期作业。作业后，应马上检修故障。

② 回转备用开关　挖掘机正常工作时，此开关应处于向下位置。正常工作时，不可将此开关向上。

当机器监控器显示 E03 代码时（回转制动系统故障），蜂鸣器报警。此时，即使回转锁定开关处于 OFF 位置，上车体依然不可回转。在此情况下，可将此开关向上拨，上车体即可进行回转，但回转停车制动一直不能起作用，即上车体不能自动被锁定。

回转备用开关是为了在回转制动电控系统（回转制动系统）出现异常时，能进行短期回转作业。作业后，应马上检修故障。

四、机器监控器

小松 PC 系列挖掘机采用彩色液晶面板的多功能监控器（图 5-12），高质量的 EMMS 设备管理监测系统具有异常状态情况显示及检测功能/可提示零件交换时间保养模式、保养次数记忆功能/故障履历记忆存储功能，全面监控发动机的转速、冷却液温度、机油压力和燃油油位等，具有自我诊断、故障自动报警显示、维护保养信息自动提示和历史故障记录等。根据需要选择作业优先的快速模式或以节省燃油为优先的经济模式。在快速模式中，由于大功率发动机的采用和小松系列独有的压力补偿式 CLSS 液压系统，最低限度地减少了发动机功率的损耗，使挖掘机的作业量提高 8%。由于发动机的转速能自动调节减速，可节省油耗 10%，实现了低振动、低噪声，操作舒适性达到了最佳水准。

图 5-13 所示为小松 PC 系列挖掘机机器监控器的控制面板及各种检查项目。

1. 机器监控器的基本操作

机器监控器的显示面板有启动前的检查面板、正常操作面板、

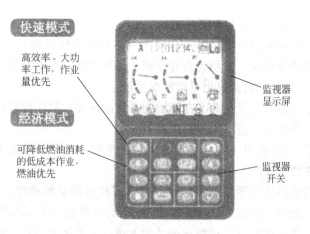

快速模式

高效率、大功率工作，作业量优先

经济模式

可降低燃油消耗的低成本作业，燃油优先

监视器显示屏

监视器开关

图 5-12　挖掘机的机器监控器

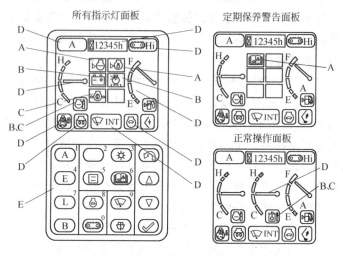

所有指示灯面板

定期保养警告面板

正常操作面板

图 5-13　小松 PC 系列挖掘机机器监控器的控制面板

A—基本检查项目；B—注意项目；C—紧急停止项目；

D—仪表先导显示部分；E—监控器开关

定期保养警告面板、警告面板和故障面板。

　　正常情况下，启动发动机前监控器的面板显示的是基本检查项目。如果启动发动机时，发现异常情况，启动前的检查面板转换到定期保养警告面板、警告面板或故障面板。此时，启动前的检查面板的显示时间为 2s，然后转换到定期保养警告面板、警告面板或故障面板，监控器面板的转换过程如图 5-14 所示。

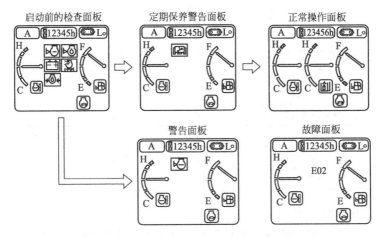

图 5-14　启动发动机发现异常时监控器面板的转换过程

监控器用于警告操作人员自上一次进行的保养以来设定的时间已过。监控器面板在 30s 以后熄灭并回复到正常操作面板。定期保养警告面板的指示灯发亮。

注意事项：警告监控器指示灯亮为红色，要尽快停止操作并进行适当位置的检查和保养。如果忽视警告，会导致故障发生。

各监控灯在不同情况下点亮时的显示颜色见表 5-1。

（1）发动机运转时的检查项目　主要包括充电电位监控器、燃油油位监控器、空气滤清器堵塞监控器、发动机水温监控器和液压油温度监控器的检查。这是发动机在运转时应注意观察与检查的项目，如果出现异常，面板上立即显示需要马上检查与修理的项目，与异常部位有关的监控器指示灯亮为红色。

①充电电位监控器　该监控器用于警告发动机运转时充电系统有异常情况。如果发动机运转时蓄电池没有被正常充电，监控器指示灯亮为红色。此时，要检查 V 带是否松弛。

表 5-1　各监控灯在不同情况下点亮时的显示颜色

监控器类型	监控器灯亮时的颜色		
	正常时	异常时	低温时
散热器水位监控器	OFF	红色	—
机油油位监控器	OFF	红色	—
保养监控器	OFF	红色	—
充电电位监控器	OFF	红色	—
燃油油位监控器	绿色	红色	—
空气滤清器堵塞监控器	OFF	红色	—
发动机水温监控器	绿色	红色	白色
液压油温度监控器	绿色	红色	白色
机油压力监控器	OFF	红色	—

注意事项如下。

a. 当启动开关在 ON 位置时，指示灯持续发亮。一旦发动机启动，交流发电机即对蓄电池充电，指示灯熄灭。

b. 启动开关在 ON 位置时，当启动或停止发动机时，指示灯会亮，蜂鸣器也会暂时鸣响，但这并不表示有异常。

② 燃油油位监控器　该监控器用于警告燃油箱中的油位处于低位。如果剩余的燃油量下降到不足 41L，指示灯由绿色变为红色，此时要尽快加油。

③ 空气滤清器堵塞监控器　该监控器用于警告空气滤清器已堵塞。如果监控器指示灯亮为红色，要关闭发动机，检查和清洗空气滤清器。

④ 发动机水温监控器　在低温时，该监控器指示灯亮为白色，此时要进行暖机操作。在监控器指示灯变为绿色前，不要开始作业，应继续进行暖机操作，否则会对发动机造成伤害。

⑤ 液压油温度监控器　在低温时，该监控器指示灯亮为白色，此时要进行暖机操作。

（2）紧急停止项目　发动机运转时，注意检查发动机水温监控器、液压油温度监控器和机油压力监控器。如有异常，与异常部分有关的监控器指示灯亮为红色，同时蜂鸣器报警，此时要立刻采取相应的措施。

① 发动机水温监控器　如果在作业中发动机水温异常，监控器的指示灯变为红色。此时，应停止任何操作，"发动机过热防止功能"会自动作用，直至监控器的指示灯变为绿色才可继续工作，否则将损伤发动机，降低发动机的使用寿命。

② 液压油温度监控器　如果在操作过程中液压油温度过高，监控器灯亮为红色。此时，应以低怠速运转发动机或关闭发动机，待油温降下来，监控器指示灯变为绿色后才可继续工作。

③ 机油压力监控器　如果发动机润滑油压力降到低于正常水平时，监控器指示灯亮为红色。此时，要关闭发动机并检查润滑系统及油底壳中的油位。

注意事项：当启动开关在 ON 位置时，此指示灯亮，发动机启动以后，此灯熄灭。当发动机启动时，蜂鸣器暂时鸣响，属于正常现象。

2. 仪表显示部位

图 5-15 所示为监控器的仪表显示部位。

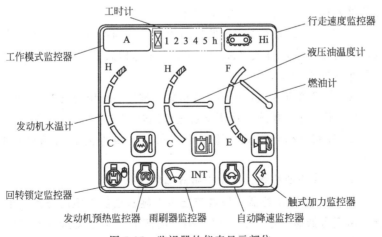

图 5-15　监视器的仪表显示部位

（1）先导显示　当启动开关在 ON 位置时，正在起作用的项目为先导项目，其监控灯点亮。

① 发动机预热监控器　当环境温度低于 0℃时，为了能顺利启动发动机，先将启动开关转到 HEAT（预热）位置并保持住。此时监控器指示灯亮，并在大约 30s 后监控器指示灯闪烁，表示预热完成（监控器灯在大约 10s 后熄灭），然后便可启动发动机。

② 回转锁定监控器　该监控器告知驾驶人员回转锁定正在起作用。此时，即使操作回转操作杆，上车体也不能进行回转。当回转锁定开关转到 ON 位置时，监控器指示灯亮，表示回转锁定功能起作用。当回转备用开关向上时，监控器指示灯闪烁。当回转锁定开关处于 OFF 位置时，监控器指示灯灭。

③ 雨刷器监控器　该监控器指示雨刷器的工作状态。当按下列方式操作雨刷器开关时，监控器指示灯指示的状态为：当 INT 灯亮时，雨刷器间歇运动；当 ON 灯亮时，雨刷器连续运动；OFF 为雨刷器停止运动。

④ 自动降速监控器　该监控器显示自动降速功能是否正在起作用。当按下列方式操作自动降速开关时，监控器指示灯显示如下：自动降速监控器 ON 灯亮时，自动降速功能起作用；自动降速监控器 OFF 灯灭时，自动降速功能停止。

⑤ 工作模式监控器　该监控器用于显示当前选定的工作模式。当按下各工作模式开关（A、E、L、B 工作模式开关）时，监控器显示相应的工作模式。

A：快速作业模式，适用于大负载挖掘与装载作业或快速作业。

E：经济作业模式，适用于着重节约燃油的操作。

L：微操作作业模式，适用于起吊、平整等需要精确控制的操作。

B：破碎作业模式，适用于破碎器的操作。

⑥ 行走速度监控器　该监控器用于显示当前选定的行走速度。行走速度有低速、中速、高速三挡。当按下行走速度选择开关时，监控器依次显示：Lo（低速）→Mi（中速）→Hi（高速）。

Lo：低速行走，时速 3.0km/h。

Mi：中速行走，时速 4.1km/h。

Hi：高速行走，时速 5.5km/h。

⑦ 触式加力监控器 该监控器用于显示触式加力功能是否起作用。当触式加力功能起作用时，该监控器的指示灯亮。在 A 模式或 E 模式下，且油门控制盘处于最大位置时，按下左手操作杆上端按钮开关，即可增加挖掘力，此时该监控器指示灯点亮。即使一直按着按钮开关，待 8s 后，触式加力功能也会自动终止。当触式加力功能不起作用时，该监控器指示灯熄灭。

（2）仪表

① 发动机水温计 用于指示发动机冷却水的温度。正常操作时，指针处于黑色区域内。如果在操作过程中，指针进到红色区域，过热防止功能自动起作用。过热防止系统的工作过程（图 5-16）：当指针指到位置 A，则发动机水温监控器指示灯亮为红色；当指针指到位置 B，则发动机转速自动降至低怠速，发动机水温监控器指示灯亮为红色，同时蜂鸣器鸣响。在指针回到黑色区域

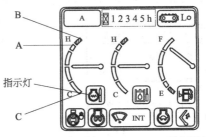

A～B：红色区域　　　　A～C：黑色区域

图 5-16　发动机水温计的指示过程

前，过热防止功能保持其作用。当启动发动机时，如果指针在位置 C，发动机水温监控器指示灯亮为白色，此时应进行预热操作，直到指针进入黑色区域，水温监控器指示灯亮为绿色时，才可进行作业。

② 燃油计 用于显示油箱中的油位。在作业过程中，指针应在黑色 A～C 区域内。如果在作业过程中指针指到 A 位置，则表示燃油箱内所剩的燃油不足 100L，此时要进行检查并补充燃油。如果指针指到 B 位置，则表示所剩燃油不足 41L。当指针进入红色 A～B 区域时，油位监控器指示灯亮为红色（图 5-17），当把启动开关转到

ON 时，则短时间内不能显示出正确的油位，但这属正常现象。

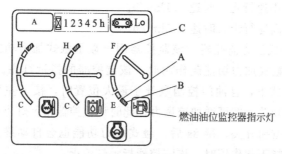

A~B：红色区域　　A~C：黑色区域

图 5-17　燃油计的指示过程

③ 液压油温度计　用于显示液压油的温度。在操作过程中，指针应在黑色区域内，此时液压油温度计监控器指示灯亮为绿色。

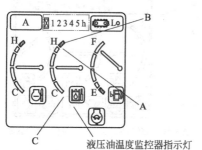

A~B：红色区域　　A~C：黑色区域

图 5-18　液压油温度计的指示过程

如果在作业过程中，指针指到位置 A，则表示液压油的温度已达到 102℃以上，应关闭发动机或以低怠速运转，等待液压油温度下降，指针进到黑色区域内才能继续作业。当指针指在 A~B 的红色区域时（图5-18），液压油的温度如下：红色区域位置 A 表示高于 102℃；红色区域位置 B 表示高于 105℃。当指针在红色 A~B 区域时，液压油温度监控器指示灯亮为红色。启动发动机时，如果指针指在位置 C 时，液压油温度在 25℃以下，液压油温度监控器指示灯亮为白色，这时要进行预热。

④ 工时计　如图 5-15 所示，用于显示发动机总的工作时间，与发动机的转速无关。当发动机启动后，即使机器没有工作，工时计也计数。每工作 1h，工时计加 1。应根据此工时计进行周期保养工作。

（3）监控器开关　监控器共有工作模式选择开关、自动降速开关、行走速度选择开关等 12 个控制开关。图 5-19 所示为监控器的开关位置。

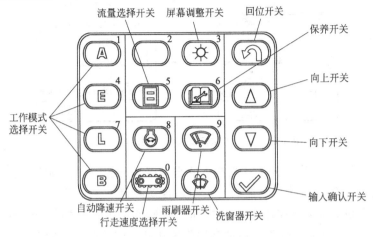

图 5-19　监控器开关

① 工作模式选择开关　该开关用于设定工作装置的功率和运动。通过选择与工作条件相匹配的模式，可以使操作更轻便、更容易。小松 PC 系列挖掘机的工作模式共有 A、E、L、B 四种。发动机启动时，工作模式被自动设定在 A 模式，当按下开关时可选择其他工作模式，此时在监控器显示部位是相应的工作模式符号。图 5-20 中黑色箭头所示为工作模式在显示器中的显示部位，如果按下模式选择开关 E 时，模式在监控器显示器的中心显示，2s 后，

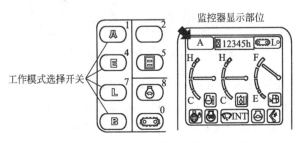

图 5-20　工作模式选择开关及显示部位

屏幕恢复到正常状态，左上角显示部位显示 E（图 5-21）。禁止在 A 模式下使用破碎装置，否则可能导致液压设备损坏。

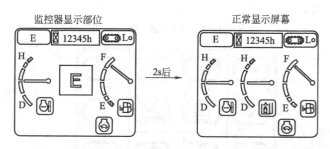

图 5-21　使用工作模式选择开关时的显示过程

②　自动降速开关　当按下此自动降速开关时，自动降速功能启动。图 5-22 中黑色箭头所指的是自动降速开关在显示器中的显示部位。如果操作杆处在中位，将自动降低发动机转速以减少油耗。监控器显示器 ON 时，启动自动降速功能；监控器显示器 OFF 时，解除自动降速功能。每次按下开关时，自动降速在启动与解除之间转换。当按下自动降速开关时，自动降速启动，在监控器显示器的中心显示出模式，2s 以后，屏幕恢复到正常状态（图 5-23）。

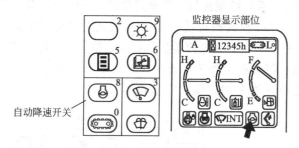

图 5-22　自动降速开关及显示部位

③　行走速度选择开关　此开关分三级设定行走速度，即行走速度包括低速（Lo）、中速（Mi）、高速（Hi）三挡。启动发动机使行走速度被自动设定在 Lo 挡。图 5-24 中黑色箭头所指为行走速度选择开关的显示部位。每次按下开关显示按照 Lo→Mi→Hi 次序

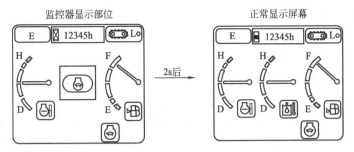

图 5-23 使用自动降速开关时的显示过程

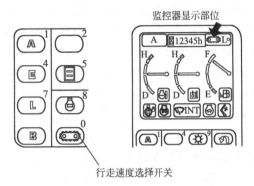

行走速度选择开关

图 5-24 行走速度选择开关及显示部位

转换。每次操作行走速度选择开关时，模式在监控器显示器的中心显示，2s 以后，屏幕恢复到正常状态（图 5-25）。当以高速行走时，如果行走负荷增加，如从平地向斜坡上行走时，速度会自动转

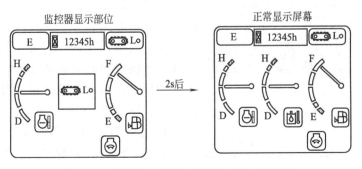

图 5-25 使用行走速度选择开关时的显示过程

换到中速，不需要操作行走速度选择开关，但此时监控器显示仍停留在"Hi"。

注意事项如下。

a. 从拖车上装、卸液压挖掘机时，液压挖掘机一定要低速行走。在装、卸过程中，不要操作行走选择开关。

b. 机器行走时，如果在高速与低速之间切换行走速度，可能会导致直线行走时走偏。因此，要先停住机器，然后再切换行走速度。

④ 雨刷器开关　该开关用于操作前玻璃的雨刷器。每次按下开关，雨刷器的工作状态在 INT→ON（OFF）→INT 之间切换。当 INT 亮时，雨刷器间歇运动，ON 亮时，雨刷器连续运动，OFF 为雨刷器停止。每次操作雨刷器开关时，在监控器显示器的中心显示该模式，2s 后，屏幕恢复到正常状态。

⑤ 洗窗器开关　该开关控制车窗洗涤液的喷射。按下该开关，车窗洗涤液喷在前挡风玻璃上；松开此开关时，喷射停止。雨刷器停止动作时，如果持续按住此开关，将喷出车窗洗涤液，同时雨刷器连续动作；松开该开关时，雨刷器将继续操作 2 个循环，然后停止工作。如果雨刷器间歇移动并持续地按下该开关，车窗洗涤液喷出，同时雨刷器连续动作；松开该开关时，雨刷器将继续操作 2 个循环，然后恢复间歇动作。

⑥ 保养开关　该开关用于检查距下次保养的时间。按下保养开关时，监控器显示器上的显示转换成图 5-26 的保养屏。保养屏中各显示项目及其含义见表 5-2。距下次保养的时间通过每个监控器指示灯显示的颜色指示。白色表示距下次保养还剩 30h 以上；黄色表示距下次保养还剩不足 30h；红色表示已过保养期。确定保养时间以后，要进行保养。

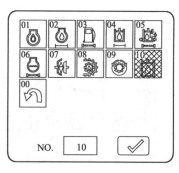

图 5-26　保养屏中显示的项目

表 5-2　保养屏中显示项目及其含义

监控器号	保养项目	时间/h
01	更换机油	500
02	更换机油滤芯	500
03	更换燃油滤芯	500
04	更换液压油滤芯	1000
05	更换液压油箱呼吸阀	500
06	更换防腐滤清器	1000
07	检查减振器油位、加油	1000
08	更换终传动箱油	2000
09	更换回转机械箱油	1000
10	更换液压油	5000

注意事项如下。

a. 启动发动机或操作机器时，如监控器显示转换成保养警告屏幕，要马上停止操作。发生这种情况时，与保养警告屏幕相关的监控器指示灯将亮为红色。

b. 按下保养开关以显示保养屏，检查其他监控器有无异常，如果另一监控器在保养屏上亮为红色，也要对那一项进行保养。

⑦ 流量选择开关　该开关用于设定工作模式 A、E 或 B 的流量。注意，只有安装了破碎器、液压剪等附件才能进行流量设定。

⑧ 回位开关　在保养模式、亮度/对比度调整模式或流量选择模式时，按下此开关，屏幕将恢复到以前显示的屏幕。

⑨ 向上开关、向下开关　在保养模式、亮度/对比度调节模式或流量选择模式时，按下向上开关或向下开关以便上、下、左、右地移动监控器显示器上的光标（转换所选择监控器的颜色）。

⑩ 输入确认开关　在保养模式、亮度/对比度调节模式或流量选择模式时，按下此开关以确认所选择的模式。

⑪ 屏幕调整开关　按下此开关以调节液晶监控器显示屏幕的

亮度和对比度。

五、蓄能器

蓄能器是用于工作时储存机器控制回路中压力的装置。发动机关闭后，在短时间内通过操作控制杆可释放蓄能器储存的压力，通过操作控制回路，使工作装置在自重作用下降至地面。蓄能器安装在液压回路的六联电磁阀的左端。装有蓄能器的机器控制管路的卸压方法如下。

① 把工作装置降至地面，然后关闭破碎器或其他附件。

② 关闭发动机。

③ 把启动开关的钥匙再转到 ON 位置，以使电路中的电流流动。

④ 把安全锁定杆调到松开位置，然后全行程前、后、左、右操作工作装置操纵杆以释放控制管路中的压力。

⑤ 把安全锁定杆调到锁定位置，以锁住操纵杆和附件踏板。

⑥ 此时压力并不能完全卸掉。若拆卸蓄能器，应渐渐松开螺纹。切勿站在油的喷射方向前。

蓄能器内充有高压氮气，不当操作有造成爆炸的危险，导致严重的伤害或损坏。操作蓄能器时，必须注意以下几点：控制管路内的压力不能被完全排除，拆卸液压装置时，不要站在油喷出的方向，要慢慢松开螺栓；不要拆卸蓄能器；不要把蓄能器靠近明火或暴露在火中；不要在蓄能器上打孔或进行焊接；不要碰撞、挤压蓄能器；处置蓄能器时，必须排除气体，以消除其安全隐患。处置时应与挖掘机经销商联系。

第二节　发动机的控制与操作

使挖掘机能够正常和安全地进行工作，必须按照一定的程序和步骤对发动机进行控制和操作。挖掘机发动机的控制与操作主要有以下几个方面内容：启动发动机前的检查与操作、启动发动机、启动发动机后的操作、关闭发动机及关闭发动机后的检查等。

一、启动发动机前的检查与操作

1. 巡视检查

启动发动机前，要巡视检查机器和机器的下面，检查是否有螺栓或螺母松动，是否有机油、燃油或冷却液泄漏，并检查工作装置和液压系统的情况，还要检查靠近高温地方的导线是否松动，是否有间隙和灰尘聚积。

每天启动发动机前，应认真检查以下项目。

① 检查工作装置、油缸、连杆、软管是否有裂纹、损坏、磨损或游隙。

② 清除发动机、蓄电池、散热器周围的灰尘和脏物。检查是否有灰尘和脏物聚积在发动机或散热器周围，检查是否有易燃物（枯叶、树枝、草等）聚积在蓄电池或高温部件（如发动机消声器或增压器）周围。要清除所有的脏物和易燃物。

③ 检查发动机周围是否有漏水或漏油，冷却系统是否漏水。发现异常要及时进行修理。

④ 检查液压装置，检查液压油箱、软管、接头是否漏油。

⑤ 检查下车体（履带、链轮、引导轮、护罩）有无损坏、磨损、螺栓松动或从轮处漏油。

⑥ 检查扶手是否损坏，螺栓是否松动。

⑦ 检查仪表、监控器是否损坏，螺栓是否松动。检查驾驶室内的仪表和监控器是否损坏，发现异常，要及时更换部件，清除表面的脏物。

⑧ 清洁后视镜，检查是否损坏。如果已损坏，要更换新的后视镜；要清洁镜面，并调整角度以便从驾驶座椅上看到后面的视野。

2. 启动发动机前的检查

（1）检查冷却水的水位并加水

① 打开机器左后部的门，检查副水箱中的冷却水是否在 L（低）与 F（满）标记之间（图 5-27）。如果水位低，要通过副水箱的注水口加水到 F（满）液位。注意，应加注矿物质含量低

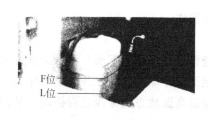

F位
L位

图5-27 副水箱的水位标记

软水。

② 加水后，把盖牢固地拧紧。

③ 如果副水箱是空的，首先检查是否有漏水，如果漏水马上修理。如果没有异常，检查散热器中的水位，如果水位低，往散热器中加水，然后往副水箱中加水。

注意事项：除非必要，不要打开散热器盖，检查冷却水时，要等发动机冷却后检查副水箱；关闭发动机后，冷却水处在高温，散热器内部压力较高，如果此时拆下散热器盖以排除冷却水，高温的冷却水会喷出，有烫伤的危险，应待温度将下来，慢慢地转动散热器盖以释放内部的压力，再拆下散热器盖。

（2）检查发动机油底壳内的油位并加油

① 打开机器上部的发动机罩，拔出油尺，用布擦掉油尺上的油，然后将油尺完全插入检查口，再把油尺拔出，检查油位是否在油尺的 H 和 L 标记之间。

② 如果油位低于 L 标记，要通过注油口加油（图 5-28）。

③ 如果油位高于 H 标记，打开发动机机油箱底部的排放阀（图 5-29），排出多余的机油。

④ 油位合适后，拧紧注油口盖，关好发动机罩。

注意事项：发动机运转后检查油位，应在关闭发动机至少15min 以后再进行；如果机器是倾斜的，在检查前要使机器停在水平地面。

（3）检查燃油位并加燃油

① 打开燃油箱上的注油口盖（图 5-30），浮尺会根据燃油位上升。浮尺的高低代表油箱内燃油量的多少。当浮尺的顶端高出注油口端平面大约 50mm 时，表示燃油已经注满（图 5-31）。

② 加油后，用注油口盖按下浮尺，不要使浮尺卡在注油口盖的凸耳上，将注油口盖牢固拧紧。

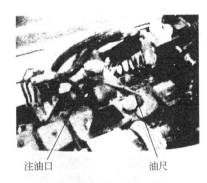

注油口　　　　　　　　油尺

图 5-28　机油箱注油口和油尺

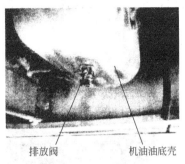

排放阀　　　　　　机油油底壳

图 5-29　机油排放阀

注油口

图 5-30　燃油箱注油口

注油口盖　　　　　约50mm

浮尺

图 5-31　燃油箱的浮尺

注意事项：经常清洁注油口盖上的通气孔；通气孔被堵后，油箱中的燃油将不流动、压力下降，发动机会自动熄火或无法启动。

（4）排放燃油箱中的水和沉积物

① 打开机器右侧的泵室门。

② 在排放软管下面放一容器，接排放的燃油。

③ 打开燃油箱后部的排放阀，将聚积在油箱底部的水和沉积物与燃油一起排除。

④ 直到流出干净的燃油时，关闭排放阀。

⑤ 关闭机器右侧的泵室门。

（5）检查油水分离器中的水和沉积物并排放　打开机器右后侧

的门，检查油水分离器（图 5-32）内部的浮环是否已经升到标记线，油水分离器的组成如图 5-33 所示。按照以下步骤排放水和沉积物。

图 5-32　油水分离器的位置

图 5-33　油水分离器的组成

1—排放阀；2—滤芯壳体；

3—滤芯；4—环形螺母；

5—排气螺塞

① 在油水分离器下部放一个接油用的容器。

② 关闭燃油箱底部的燃油阀。

③ 拆下油水分离器上端的排气螺塞 5。

④ 松开油水分离器底部的排放阀 1，把水和沉积物排入容器。

⑤ 松开环形螺母 4，拆下滤芯壳体 2。

⑥ 从分离器座上拆下滤芯 3，并用干净的柴油进行冲洗。

⑦ 检查滤芯，如果损坏，要进行更换。

⑧ 如果滤芯完好无损，将滤芯重新安装好。安装时注意先将油水分离器的排放阀关闭，然后装上油水分离器上端的排气螺塞。环形螺母的拧紧力矩应为（40±3）N·m。

⑨ 松开排气螺塞，向滤芯壳体内添加燃油，见燃油从排气螺塞流出时，拧紧排气螺塞。

（6）检查液压油箱中的油位并加油

① 启动发动机并低速运转发动机，收回斗杆和铲斗油缸，然后降下动臂，把铲斗斗齿调成与地面接触，关闭发动机，工作装置处在图 5-34 的状态。

图 5-34　检查液压油位
时挖掘机的状态

② 在关闭发动机后的 15s 内，把启动开关切换到 ON 位置，并以每种方向全程操作操纵杆（工作装置、行走装置）以释放内部压力。

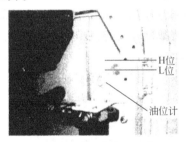

图 5-35　液压油位计及油位线

③ 打开机器右侧泵室门，检查液压油位计，油位应处在 H 和 L 标记之间（图 5-35）。

④ 油位低于 L 标记时，通过液压油箱顶部的注油口加油。不要将油加到 H 标记以上，否则会损坏液压油路或造成油喷出。如果已经将油加到 H 标记以上，要关闭发动机，待液压油冷却后，从液压油箱底部的排放螺塞排出过量的油。在拆卸盖之前，要慢慢转动注油口盖释放内部压力，防止液压油喷出。

（7）检查电气线路　检查保险丝是否损坏或容量是否相符，检查电路是否有断路或短路迹象，检查各端子是否松动并拧紧松动的零件，检查喇叭的功能是否正常。将启动开关切换到 ON 位置，确认按喇叭按钮时，喇叭鸣响，否则应马上修理。注意检查蓄电池、启动马达和交流发电机的线路。

注意事项：如果保险丝被频繁烧坏或电路有短路迹象，找出原因并进行修理，或与经销商联系修理；蓄电池的上部表面要保持清洁，检查蓄电池盖上的通气孔，如果通气孔被脏物或尘土堵塞，冲洗蓄电池盖，把通气孔清理干净。

3. 启动发动机前的操作、确认

每次启动发动机前，应认真进行以下检查。

① 检查安全锁定杆是否在锁紧位置。

② 检查各操作杆是否在中位。

③ 启动发动机时不要按下左手按钮开关。

④ 将钥匙插入启动开关，把钥匙转到 ON 位置，然后进行下列检查。

a. 蜂鸣器鸣响约 1s，下列监控器的指示灯和仪表（图 5-36）闪亮约 3s：散热器水位监控器、机油油位监控器、充电电位监控器、燃油油位监控器、发动机水温监控器、机油压力监控器、发动机水温计，燃油计，空气滤清器堵塞监控器。如果监控器不亮或蜂鸣器不响，则监控器或蜂鸣器可能有故障，要与经销商联系修理。

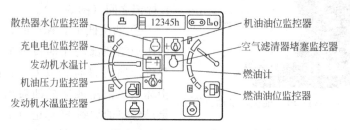

图 5-36　发动机启动前监控器显示的检查项目

b. 大约 3s 以后，屏幕转换到工作模式/行走速度显示监控器，然后转换到正常屏幕，其显示项目包括燃油油位监控器、机油油位监控器、发动机水温计、燃油计、液压油温度计和液压油温度监控器。

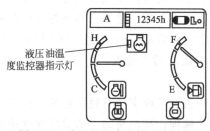

图 5-37　液压油温度监控器指示灯

c. 如果液压油温度计熄灭，液压油温度监控器的指示灯依然发亮（红色），要马上对所指示的项目进行检查（图5-37）。

d. 如果某些项目的保养时间已过，保养监视器指示灯闪亮30s。按下保养开关，检查此项目，并马上进行保养。

e. 按下前灯开关，检查前灯是否亮。如果前灯不亮，可能是灯泡烧坏或短路，应进行更换或修理。

注意事项：启动发动机时，检查安全锁定杆是否固定在锁紧位置，如果没有锁紧操纵杆，启动发动机时意外触到操纵杆，工作装置会突然移动，可能会造成严重事故；当从操作人员座椅中站起时，无论发动机是否运转，一定要将安全锁定杆设定在锁紧位置。

二、启动发动机

1. 正常启动

① 启动前应注意以下内容。

a. 检查挖掘机周围区域是否有人或障碍物，喇叭鸣响后才能启动发动机。

b. 检查燃油控制旋钮是否处在低速（MIN）位置。

c. 连续运转启动马达不要超过20s。如果发动机没有启动，至少应等待2min，然后再重新启动。

② 检查安全锁定杆是否处在锁紧位置，安全锁定杆处在自由位置，发动机将不能启动。

③ 把燃油控制旋钮调到MIN位置。如果控制旋钮处在MAX位置，一定要转换到MIN位置。

④ 将启动开关钥匙转到START位置，发动机将启动。

⑤ 当发动机启动时，松开启动开关钥匙，钥匙将自动回到ON位置。

⑥ 发动机启动后，当机油压力监控器指示灯还亮时，不要操作工作装置操作杆和行走操作杆（踏板）。

注意事项：如果4～5s以后，机油压力监控器指示灯仍不熄灭，要马上关闭发动机，检查机油油位，检查是否有机油泄漏，并采取必要的技术措施。

2. 冷天启动

在低温条件下按下列步骤启动发动机。

① 检查安全锁定杆是否处在锁紧位置。如果安全锁定杆处在自由位置，发动机将不能启动。

② 把燃油控制旋钮调到 MIN 位置。不要把燃油控制旋钮调到 MAX 位置。

③ 将启动开关钥匙保持在 HEAT 位置，并检查预热监控器指示灯是否亮。大约 18s 后，预热监控器指示灯将闪烁，表示预热完成。此时，监控器指示灯和仪表将发亮，这属正常现象。

④ 当预热监控器指示灯熄灭时，把启动开关钥匙转动到 START 位置，启动发动机。

⑤ 发动机启动后，松开启动开关钥匙，钥匙自动回到 ON 位置。

⑥ 发动机启动后，当机油压力监控器指示灯还亮时，不要操作工作装置操作杆和行走操作杆（踏板）。

三、启动发动机后的操作

1. 暖机操作

暖机操作主要包括发动机的暖机和液压油的预热两方面工作。只有等暖机操作结束后才能开始作业。暖机操作步骤如下。

① 将燃油控制旋钮切换到低速与高速之间的中速位置，并在空载状态下中速运转发动机大约 5min。

② 将安全锁定杆调到自由位置，并将铲斗从地面升起。在此过程中注意以下两点。

a. 慢慢地操作铲斗操纵杆和斗杆操纵杆，将铲斗油缸和斗杆油缸移到行程端部。

b. 铲斗和斗杆全行程操作 5min，在铲斗操作和斗杆操作之间，以 30s 为周期转换。

③ 预热操作后，检查监控器指示灯和仪表是否处于下列状态。

a. 散热器水位监控器：不显示。

b. 机油油位监控器：不显示。

c. 充电电位监控器：不显示。

d. 燃油油位监控器：绿色显示。

e. 发动机水温监控器：绿色显示。

f. 机油压力监控器：不显示。

g. 发动机水温计：指针在黑色区域内。

h. 燃油计：指针在黑色区域内。

i. 发动机预热监控器：不显示。

j. 空气滤清器堵塞监控器：不显示。

k. 液压油温度计：指针在黑色区域内。

l. 液压油温度监控器：绿色显示。

④ 检查排气颜色、噪声或振动有无异常，如发现异常，应进行修理。

⑤ 如果空气滤清器堵塞监控器指示灯亮，要马上清洁或更换滤芯。

⑥ 利用机器监控器上的工作模式选择开关选择将要采用的工作模式。

注意事项如下。

① 液压油处在低温时，不要进行操作或突然移动操纵杆。一定要进行暖机操作，否则有损机器的使用寿命。

② 在暖机操作完成之前，不要使发动机突然加速。

③ 不要以低怠速或高怠速连续运转发动机超过 20min，否则会造成涡轮增压器供油管处漏油。如果必须用怠速运转发动机，要不时地施加载荷或以中速运转发动机。

④ 如果发动机水温在 30℃ 以下，为保护涡轮增压器，在启动以后的 2s 内发动机转速不要提升，即使转动了燃油控制旋钮也是这样。

⑤ 如果液压油温度低，液压油温度监控器指示灯显示为白色。

⑥ 为了能更快地升高液压油温度，可将回转锁定开关转到 SWING LOCK（锁定）位置，再将工作装置油缸移到行程端部，同时全行程操作工作装置操作杆，做溢流动作。

2. 自动暖机操作

在寒冷地区启动发动机时，启动发动机后，系统自动进行暖机操作。启动发动机时，如果发动机水温低于30℃，将自动进行暖机操作。如果发动机水温达到规定的温度（30℃）或暖机操作持续了10min，自动暖机操作将被取消。自动暖机操作后，发动机水温或液压油温度仍低，应按下列步骤进一步暖机。

① 将燃油控制旋钮转到低速与高速之间的中速位置。

② 将安全锁定杆调到自由位置，并将铲斗从地面升起。

③ 慢慢地操作铲斗操纵杆和斗杆操纵杆，将铲斗油缸和斗杆油缸移到行程端部。

④ 依次操作铲斗30s和操作斗杆30s，全部操作需持续5min。

⑤ 进行预热操作后，检查监控器指示灯和仪表是否处于下列状态。

　　a. 散热器水温监控器：不显示。

　　b. 机油油位监控器：不显示。

　　c. 充电电位监控器：不显示。

　　d. 燃油油位监控器：绿色显示。

　　e. 发动机水温监控器：绿色显示。

　　f. 机油压力监控器：不显示。

　　g. 发动机水温计：指针在黑色区域内。

　　h. 燃油计：指针在黑色区域内。

　　i. 发动机预热监控器：不显示。

　　j. 空气滤清器堵塞监控器：不显示。

　　k. 液压油温度计：指针在黑色区域内。

　　l. 液压油温度监控器：绿色显示。

⑥ 检查排气颜色、噪声或振动有无异常。如发现异常，应进行修理。

⑦ 如果空气滤清器堵塞监控器指示灯亮，要马上清洁或更换滤芯。

⑧ 把燃油控制旋钮转到MAX位置并进行3～5min的第⑤步操作。

⑨ 重复 3～5 次下列操作并慢慢地操作：动臂操作提升←→下降；斗杆操作收回←→伸出；铲斗操作挖掘←→卸荷；回转操作左转←→右转；行走（低速）操作前进←→后退。

⑩ 利用机器监控器上的工作模式开关选择将要采用的工作模式。

注意事项如下。

① 若不进行上述操作，当启动或停止各操作机构时，在反应上会有延迟，因此要继续操作，直到正常为止。

② 其他注意事项与暖机操作相同。

3. 自动暖机操作的取消

当发动机的水温低于 30℃时启动发动机，系统便会自动进行暖机操作。此时燃油控制旋钮虽在低速（MIN）位置，但系统却将发动机转速设定为 1200r/min 左右。在某些紧急情况下，如果需要时不得不把发动机转速降至低速，应按下列步骤取消自动暖机操作。

① 将钥匙插入启动开关，从 OFF 切换到 ON 位置。

② 把燃油控制旋钮切换到高速（MAX）位置，在该位置保持 3s。

③ 把燃油控制旋钮拨回到低速（MIN）位置。

④ 再次启动发动机，自动暖机功能已被取消，发动机以低速运转。

4. 工作模式的选择

为确保液压挖掘机在安全、高效、节能状态下作业，在发动机控制系统中设定了四种工作模式，以适应不同工作条件下挖掘机进行有效的工作。

利用机器监控器上的工作模式选择开关可选择与工作条件相匹配的工作模式。

当把发动机开关切换到 ON 位置时，工作模式被调定在 A 模式。利用工作模式选择开关可以把模式调到与工作条件相匹配的最有效的模式。小松山推的 PC200/200-7 液压挖掘机的工作模式及与之相匹配的操作见表 5-3。

表 5-3　各种工作模式的适用场合

工作模式	适　用　场　合
A 模式	普通挖掘、装载操作（着重于生产率的操作）
E 模式	普通挖掘、装载操作（着重于节约燃油的操作）
L 模式	需要精确定位工作装置时（如起吊、平整等精确控制作业操作）
B 模式	破碎器操作

注：如果在 A 模式下进行破碎器操作，会损坏液压装置，只能在 B 模式下操作破碎器。

在操作过程中，为了增加动力，可以使用触式加力功能来增加挖掘力。选择 A 模式或 E 模式时，在作业过程中，按下左手操作杆端部的按钮开关（触式加力开关）（图 5-38），可增加约 7％ 的挖掘力。但是，若持续按住按钮开关超过 8s，触式加力功能便自动取消，恢复至原来的工作模式。过几秒钟后，可再次使用此功能。

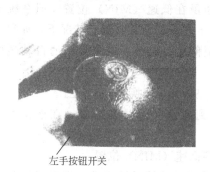

左手按钮开关

图 5-38　左手按钮（触式加力）开关

四、关闭发动机

关闭发动机的步骤是否正确，对发动机的使用寿命有极大的影响。如果发动机未冷却就被突然关闭，会极大地缩短发动机的使用寿命。因此，除紧急情况外，不要突然关闭发动机。特别是在发动机过热时，更不要突然关闭，应以中速运转，使发动机逐渐冷却，然后再关闭发动机。正确关闭发动机的步骤如下。

① 低速运转发动机约 5min，使发动机逐渐冷却。如果经常突然关闭发动机，发动机内部的热量不能及时散发出去，会造成机油提前劣化，垫片、胶圈老化，涡轮增压器漏油磨损等一系列故障。

② 把启动开关钥匙切换到 OFF 位置，关闭发动机。

③ 取下启动开关钥匙。

五、关闭发动机后的检查

为了能及时发现挖掘机可能存在的安全隐患，使挖掘机能保持良好的正常工作状态，关闭挖掘机后，应对挖掘机进行下列项目的检查。

① 对机器进行巡视，检查工作装置、机器外部和下部车体，检查是否有漏油或漏水。如果发现异常，要及时进行修理。

② 将燃油箱加满燃油。

③ 检查发动机室是否有纸片和碎屑，清除纸片和碎屑以避免发生火险。

④ 清除黏附在下部车体上的泥土。

第三节　挖掘机行走的控制与操作

一、行走前的准备

1. 注意事项

① 行走操作之前先检查履带架的方向，尽量争取挖掘机向前行走。如果驱动轮在前，行走杆应向后操作。

② 挖掘机起步前检查环境安全情况，清理道路上的障碍物，无关人员离开挖掘机，然后提升铲斗。

③ 准备工作结束后，驾驶员先按喇叭，然后操作挖掘机起步。

④ 如果行走杆在低速范围内挖掘机起步，发动机转速会突然升高，因此，驾驶员要小心操作行走杆。

⑤ 挖掘机倒车时要留意车后空间，注意挖掘机后面盲区，必要时请专人予以指挥协助。

⑥ 液压挖掘机行走速度——高速或低速由驾驶员选择。选择开关 "O" 位置时，挖掘机将低速、大扭矩行走；选择开关 "1" 位置时，挖掘机行走速度根据液压行走回路的工作压力而自动升高或降低。例如，挖掘机在平地上行走可选择高速；上坡行走时可选

择低速。如果发动机速度控制盘设定在发动机中速（约 1400r/min）以下，即使选择开关在"1"位置，挖掘机仍会以低速行走。

⑦ 挖掘机应尽可能在平地上行走，并避免上部转台自行放置或操纵其回转。

⑧ 挖掘机在不良地面上行走时应避免岩石碰坏行走马达和履带架。泥沙、石子进入履带会影响挖掘机正常行走及履带的使用寿命。

⑨ 挖掘机在坡道上行走时应确保履带方向和地面条件，使挖掘机尽可能直线行驶，保持铲斗离地 20～30cm。如果挖掘机打滑或不稳定，应立即放下铲斗。发动机在坡道上熄火时，应降低铲斗至地面，将控制杆置于中位，然后重新启动发动机。

⑩ 尽量避免挖掘机涉水行走，必须涉水行走时应先考察水下地面状况，且水面不宜超过支重轮的上边缘。

2. 行走前的准备操作

① 将回转锁定开关调到 SWING LOCK（锁定）位置，并确认在机器监控器上回转锁定监控器指示灯亮。

② 把燃油控制旋钮向高速位置旋转以增加发动机的转速。

二、向前行走的操作

① 把安全锁定杆调到自由位置，抬起工作装置并将其抬离地面 40～50cm。

② 按下列步骤操作左右行走操纵杆和左右行走踏板。

a. 驱动轮在机器后部时，慢慢向前推操纵杆，或慢慢踩下踏板的前部使机器向前行走。

b. 驱动轮在机器前部时，慢慢向后拉操纵杆，或慢慢踩下踏板的后部使机器向前行走。

注意事项：低温条件时，如果机器行走速度不正常，要彻底进行暖机操作；如果下部车体被泥土堵塞，机器行走速度不正常，要清除下部车体上的污泥。

三、向后行走的操作

① 将安全锁定杆调到自由位置，抬起工作装置并将其抬离地面 40～50cm。

② 按下列步骤操作左右行走操纵杆和左右行走踏板。

a. 驱动轮在机器的后部时，慢慢向后拉操纵杆，或慢慢踩下踏板的后部使机器向后行走。

b. 驱动轮在机器的前部时，慢慢向前推操纵杆，或慢慢踩下踏板的前部使机器向后行走。

四、停住行走的操作

把左右行走操纵杆置于中位，便可停住机器。

注意事项：避免突然停车，停车处要有足够的空间。

五、正确的行走操作

挖掘机行走时，应尽量收起工作装置并靠近机体中心，以保持稳定性；把终传动放在后面以保护终传动，如图 5-39 所示。

要尽可能地避免驶过树桩和岩石等障碍物，以防止履带扭曲（图 5-40、图 5-41）若必须驶过障碍物时，应确保履带中心在障碍物上（图 5-42）。

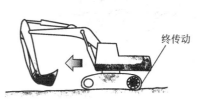

图 5-39　正确的行走操作

图 5-40　行走时尽量避免驶过树桩、岩石等障碍物

图 5-41　不正确越过障碍物时会造成履带扭曲

过土墩时，应始终用工作装置支撑住底盘，防止车体剧烈晃动甚至翻倾（图 5-43）。

应避免长时间停在陡坡上怠速运转发动机，否则会因油位角度的改变而导致润滑不良。

机器长距离行走，会使支重轮及终传动内部因长时间回

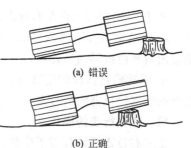

(a) 错误

(b) 正确

图 5-42　越过障碍物时正确和错误的行走操作

转产生高温，机油黏度下降和润滑不良，应经常停机冷却降温，延

图 5-43　越过土堆时用工作装置支撑地面

长下部机体的使用寿命。

禁止靠行走的驱动力进行挖土作业，否则过大的负荷将会导致终传动、履带等部件的早期磨损或破坏。

上坡行走时，应使驱动轮在后，以增加触地履带的附着力（图 5-44）。

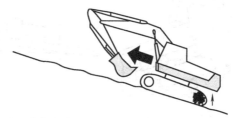

图 5-44　上坡时正确的行走操作

下坡行走时，应使驱动轮在前，使上部履带绷紧，以防止停车时车体在重力作用下向前滑移而引起危险（图5-45）。

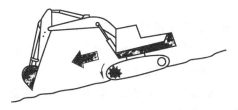

图5-45　下坡时正确的行走操作

在斜坡上行走时，工作装置应置于前方以确保安全，停车后，铲斗轻轻地插入地面，并在履带下放置挡块（图5-46）。在斜坡上停车时，要面对斜坡下方停车，不要随斜坡停车（图5-47）。

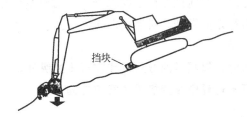

图5-46　在斜坡上停车的操作

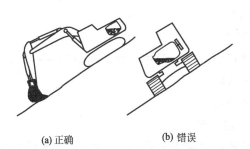

(a) 正确　　　　　　　　(b) 错误

图5-47　在斜坡上停车时正确和错误方向

在陡坡行走转弯时，应将速度放慢，左转时，向后转动左履带，右转时，向后转动右履带，这样可降低在斜坡上转弯的危险性。

第四节　挖掘机转向的控制与操作

一、机器转向时的注意事项

① 操作行走操纵杆前，检查驱动轮的位置。如果驱动轮在前面，行走操纵杆的操作方向是相反的。

② 尽可能避免突然改变方向。特别是进行原地转向时，转弯前要停住机器。

③ 用行走操纵杆改变行走方向。

二、机器停住时的转向

1. 向左转弯

向前行走时，向前推右行走操纵杆，机器向左转向；向后行走时，往回拉右行走操纵杆，机器向左转向。

2. 向右转弯

向右转弯时，以同样的方式操作左行走操纵杆。

三、在行进过程中改变机器的行走方向

1. 向左转弯

在行进过程中，当向左转向时，将左边的行走操纵杆置于中位，机器将向左转。

2. 向右转弯

在行进过程中，当向右转向时，将右边的行走操纵杆置于中位，机器将向右转。

四、原地转向

1. 原地向左转弯

使用原地转向向左转弯时，往回拉左行走操纵杆并向前推右行走操纵杆。

2. 原地向右转弯

使用原地转向向右转弯时，往回拉右行走操纵杆并向前推左行走操纵杆。

第五节　挖掘机工作装置的控制与操作

液压挖掘机挖掘作业过程中，工作装置主要有铲斗转动、斗杆收放、动臂升降和转台回转四个动作。作业操纵系统中工作油缸的推拉和液压马达的正反转，绝大多数是通过三位轴向移动式滑阀控制液压油流动的方向实现的；作业速度是根据液压系统的形式（定量系统或变量系统）和阀的开度大小等由操作人员控制，或者通过辅助装置控制。

一、工作装置的控制和操作

工作装置的动作是由左、右两侧的工作装置操纵杆控制和操作的。左侧工作装置操纵杆操作斗杆和回转；右侧工作装置操作动臂和铲斗。松开操纵杆时，它们会自动地回到中位，工作装置保持在原位。

机器处于静止及工作装置操纵杆中位时，由于自动降速功能的作用，即使燃油控制旋钮调到 MAX 位置，发动机转速也保持在中速。

二、回转时的操作

进行回转操作时，应按以下步骤进行。

① 在开始回转操作以前，将回转锁定开关置于 OFF 位置，并检查回转锁定指示灯是否已熄灭。

② 操作左侧工作装置操纵杆进行回转操作。

③ 不进行回转操作时，将回转锁定开关置于 SWING LOCK 位置，以锁定上部车体。回转锁定指示灯应同时亮。

注意事项如下。

① 每次回转操作之前，按下喇叭开关，防止意外发生。

② 机器的后部在回转时会伸出履带宽度外侧，在回转上部结构前，要检查周围区域是否安全。

三、停放机器

停放机器应按下列步骤进行。

① 把左右行走操纵杆置于中位。

② 用燃油控制旋钮把发动机转速降至低速。

③ 水平落下铲斗，直到铲斗的底部接触地面。

④ 把安全锁定杆置于锁紧位置。

四、完成作业后的检查

完成作业后，应检查机器监控器上发动机水温、机油压力和燃油油位。

五、上锁

停止作业后，需要离开机器时，应锁好下列地方。

① 驾驶室门，且注意关好车窗。

② 燃油箱注油口。

③ 发动机罩。

④ 蓄电池箱盖。

⑤ 机器的左、右侧门。

⑥ 液压油箱注油口。

注意，用启动开关钥匙打开或锁好上述位置。

第六节 低温条件下挖掘机的使用与操作

在低温条件下，发动机不容易启动，冷却液会冻结，因而挖掘机的使用和操作与正常条件下的使用和操作有不同的要求。

一、寒冷天气操作常识

1. 燃油和润滑油

应换用低黏度的燃油和润滑油。可查阅挖掘机使用操作手册选择燃油和润滑油的牌号。

2. 冷却系统的冷却液

在寒冷天气条件下，应在冷却系统中加防冻液。防冻液加入的混合比可根据防冻液产品说明书确定。使用防冻液的注意事项如下。

① 防冻液有毒，不要让防冻液溅入眼睛和溅在皮肤上。假如

溅入眼睛或溅在皮肤上，要用大量清水进行冲洗并立即就医。

② 处理防冻液时要格外注意。当更换含有防冻液的冷却液时，或修理散热器处理冷液时，请与挖掘机经销商联系或询问当地防冻液销售商。注意，不要让液体流入下水道或洒到地上。

③ 防冻液易燃，不要靠近任何火源。处理防冻液时，禁止吸烟。

④ 不要使用甲醇、乙醇或丙醇基防冻液。

⑤ 绝对避免使用任何防漏剂，单独使用或与防冻液混合使用都是不允许的。

⑥ 不同品牌的防冻液不可混合使用。

⑦ 在买不到永久型防冻液的地区，在寒冷季节只能使用不含防腐剂的乙二醇防冻液。这种情况下，冷却系统要一年清洗两次（春季和秋季）。向冷却系统加注防冻液时，应在秋季添加。

3. 蓄电池

（1）使用蓄电池时的注意事项

① 蓄电池会产生易燃气体，不要让火源靠近蓄电池。

② 蓄电池电解液也是危险的。如果电解液溅入眼睛或溅到皮肤上，要用大量清水进行冲洗并立即就医。

③ 蓄电池电解液会溶解油漆。如果电解液洒在机身上，要马上用水冲洗。

④ 如果蓄电池电解液冻结，不要用不同的电源给蓄电池充电或启动发动机，这样做有造成蓄电池爆炸的危险。

⑤ 环境温度下降时，蓄电池的容量也随之下降。如果蓄电池的充电率低，蓄电池电解液会冻结。要保持蓄电池充电率尽量接近100%，并使蓄电池与低温隔绝，以便可以容易地启动机器。

（2）蓄电池的防冻方法

① 用保温材料包裹。

② 将蓄电池从机器上卸下来放在温暖的地方，开始工作前再装到机器上。

③ 如果电解液的液位低，要在开始工作前添加蒸馏水。不要在日常工作后加水，以防止蓄电池内的液体夜晚冻结。

蓄电池的充电率通过测量电解液的相对密度算出，温度可通过表 5-4 换算出。

表 5-4　电解液规定相对密度与充电率之间的换算关系

充电率/%	液体温度			
	20℃	0℃	−10℃	−20℃
100	1.28	1.29	1.30	1.31
90	1.26	1.27	1.28	1.29
80	1.24	1.25	1.26	1.27
75	1.23	1.24	1.25	1.26

二、日常作业完工后的注意事项

为防止下部车体上的泥土、水冻结造成机器不能移动，要遵守下列注意事项。

① 彻底清除机身上的泥和水，这是为了防止由于泥、脏物与水滴一起进入密封内部而损坏密封。

② 要把机器停放在坚硬、干燥的地面上。如果可能，把机器停放在木板上，这样可防止履带冻入土中，使机器可以方便启动。

③ 打开排放阀，排除燃油系统中聚积的水，防止冻结。

④ 在水中或泥中操作后，要按下面的方式排出下部车体中的泥水以延长其使用寿命。

a. 发动机以低速运转，回转 90°把工作装置转到履带一侧。

b. 顶起机器，使履带稍微抬离地面并空转。左右两侧的履带重复这种操作，如图 5-48 所示。

图 5-48　排出下部车体内泥水的方法

在进行上述操作时，履带空转是危险的，无关人员要距离履带远一些。

⑤ 操作结束后，要加满燃油，防止温度下降时空气中的湿气冷凝形成水。

三、寒冷季节过后的注意事项

当天气变暖时，按下列步骤进行操作。

① 用规定黏度的油更换所有的燃油和机油。

② 如果由于某种原因不能使用永久型防冻液，而用乙二醇防冻液（冬季型），要完全把冷却系统排干净，然后彻底清洗冷却系统内部，并加入新鲜的软水。

第七节　挖掘机的施工方法

一、挖掘机的基本挖掘方法

开始挖掘作业前，应首先察看挖掘机周围的情况。旋转作业时，要观察作业现场周围是否有障碍物，对现场地形要做到心中有数，一定要确保作业安全。

使用挖掘机之前，要检查履带和地面的接触情况，保证两条履带和地面完全接触。履带下的岩石或其他物体会使履带受力太大，并使挖掘机工作不稳定。

1. 保持挖掘机稳定的方法

作业时，挖掘机的稳定性不仅能提高工作效率，延长机器的寿命，而且能确保操作安全。为保证作业过程中挖掘机的稳定性，应注意以下几点。

（1）保证驱动轮始终在后侧　驱动轮在后侧，稳定性比在前侧好，否则会造成倾翻或撞击。如果驱动轮面对挖掘方向，容易损坏驱动轮旁的液压马达、油管等（图 5-49）。

（2）侧向工作稳定性差　履带在地面上的前后间距 A 总是大于两条履带之间的间距 B，所以朝前工作稳定性好。应始终保持朝前工作，除非条件限制，不能采用朝前工作的方式时才可侧向工作（图 5-50）。

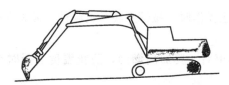

图 5-49 驱动轮在后侧时机器的稳定性好

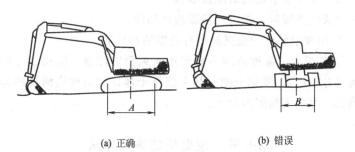

(a) 正确   (b) 错误

图 5-50 挖掘机的前后方向稳定性高于侧向稳定性

（3）始终保证挖掘机在平坦的地方工作 挖掘作业操作时，应始终保证挖掘机在平坦的地方工作。挖掘机在平坦的地面上工作，不仅有助于操作者的视线、操作时的安全，而且有助于延长挖掘机的使用寿命。图 5-51 所示为几种不正确的操作方法，作业时挖掘机的稳定性差，禁止以这些方式进行作业。

图 5-51 稳定性较差的挖掘方法

（4）挖掘点对稳定性的影响 挖掘点远离挖掘机，挖掘机的重心会前移，造成不稳定。作业时，应保持挖掘点靠近机器，以提高其稳定性和挖掘力（图 5-52）。

侧向挖掘比朝前挖掘稳定性差，如果挖掘点远离挖掘机，挖掘机会更加不稳定。操作时应使挖掘点和挖掘机有一个合适的距离，使操作更加安全、有效（图 5-53）。

图 5-52　挖掘点位置对挖掘机稳定性的影响

图 5-53　侧向挖掘时挖掘点的控制

移动挖掘机靠近挖掘点时必须仔细检查，以免引起地面坍塌。

（5）车体后部离开地面对稳定性的影响　在不平的地方作业，挖掘机在机体后部可能会离开地面，履带会松弛，履带支重轮会脱离链带（图 5-54）。在坚硬的地面（如混凝土地面）上振动会异常增大，对下车体和底盘产生不利的影响。

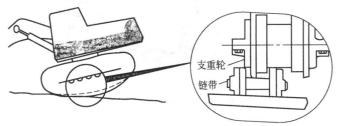

图 5-54　地面不平时挖掘机的稳定差

作业时，要始终保持合适的履带张紧度，防止支重轮脱离链带。

2. 挖掘作业方法

（1）高效挖掘方法　当铲斗油缸和连杆、斗杆油缸和斗杆均为 90°时，每个油缸推动挖掘的力为最大，要有效地使用该角度以提高工作效率（图 5-55）。

斗杆挖掘的范围为斗杆从远侧 45°至近侧 30°的角度（图 5-

56)。随挖掘深度的变化，斗杆的挖掘范围会稍有差异，但大致在该范围内操作大臂及铲斗，而不应操作至油缸的行程末端。

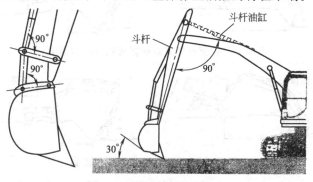

图 5-55　最有效的挖掘角度

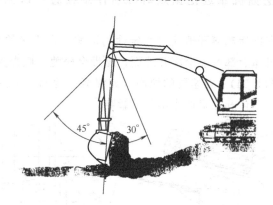

图 5-56　斗杆挖掘的范围

（2）松软土质的挖掘方法　挖掘松软土质时，铲斗角宜设为 60°左右（这样比自由角度时约提高 20％的工作量），一面降下动臂，一面收斗杆，使铲齿的 2/3 插入地面，然后用铲斗进行挖掘（图5-57）。

（3）较硬土质的挖掘方

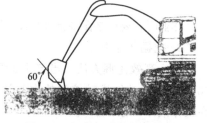

图 5-57　松软土质的挖掘方法

法 挖掘砂质土天然地面时,把铲斗角设置为30°左右(图5-58),收斗杆,使铲斗的1/3插入地面,一边进行动臂提升的微操作,一边使铲斗底板与地面保持30°,水平收斗杆(图5-59),根据泥土进入铲斗的状况,用铲斗掘进。

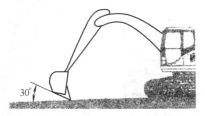

30°

图5-58 较硬土质的挖掘方法

(4)上方挖掘作业 进行上方挖掘作业时,要把铲斗角与铲齿角角度之和差不多为90°,保持该状态,然后收斗杆、下降动臂进行挖掘(图5-60)。

上方挖掘的挖掘顺序如图5-61所示,原则上按图中的①～④顺序挖掘。①和②用斗杆力、铲斗力进行挖掘。这时不要用力猛推,以免挖掘机车体前方翘起(负荷解除时下落

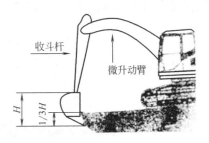

收斗杆

微升动臂

H   1/3H

图5-59 较硬土质挖掘时的操作方法

冲击力很大)。③和④是用动臂推摁,利用车体重量挖掘。这时,提升动臂操作要控制好,以免挖掘机车体过分翘起。

(5)挖沟作业

①挖掘要领 挖掘天然地面时,铲斗底板与作业面保持在30°左右,收斗杆的同时提升动臂进行挖掘。斗杆接近垂直时,斗杆力最大,能更多地承载负荷,但要控制好不能让斗杆溢流,也不能让车体前方翘起。开始挖掘时,不要把斗杆伸至最大作用范围,而要从其80%左右开始挖掘(图5-62)。斗杆在最大作用范围时,斗杆的挖掘力最小,挖掘难以进行。另外,为便于挖掘、平整最前端的

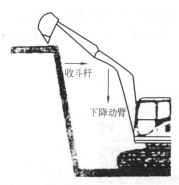 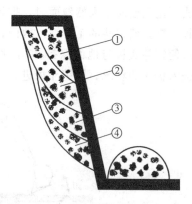

图 5-60　上方挖掘作业的操作方法　　图 5-61　上方挖掘作业的挖掘顺序

作业地段，斗杆作用范围要留有余地。挖掘比铲斗宽的沟渠时，要用回转力压住沟的侧面，一边压紧一边挖掘（图 5-63）。

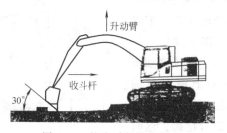

图 5-62　挖沟时的操作要领

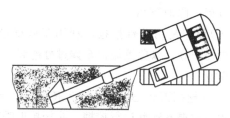

图 5-63　沟侧面的挖掘要领（俯视图）

② 挖掘顺序

a. 沟的宽度与斗宽相同时　挖掘顺序如图 5-64 所示。①和②保持 30°左右的铲斗角，浅浅地铲削。一次挖掘装不满铲斗时，不要回转排土，而要再挖一次装满铲斗。铲斗角为 90°左右时，一面挖远端的沟壁，一面挖进所定的深度并收斗杆。④、⑤、⑥是用一边收斗杆、一边收动臂的力挖掘。沟底面要一面挖一面均匀平整，如果沟底高低不平，可用图中⑦的方法，用动臂、斗杆进行平整。⑥或⑦完成后，斗杆即已伸至最大作用范围，这时把车机后退少许，使铲刃尖能挖到⑧处，其后的挖掘要领与④～⑥相同，即用斗杆和动臂的力进行挖掘。

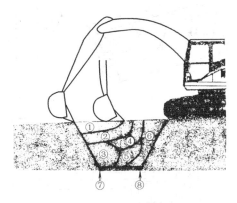

图 5-64　沟的宽度与铲斗宽度相同时的挖掘顺序

b. 沟的宽度为斗宽 1.5 倍时　挖掘顺序如图 5-65 所示。一开始把车体位置设定在可用斗杆向正前方挖掘的 A 部，通过回转摁推挖掘 B 部。交替进行 A 和 B 部作业，一面挖一面使沟形成。

③ 挖掘后的排土　挖掘后回转排土，回转角 45°左右，从前方开始顺次向 2 倍于沟宽的区域内排土。排土区域过宽影响复填的效率。排土时，采用回转与动臂提升、回转与动臂、斗杆、铲斗的复合操作，不要停顿，要快速而匀滑动作（图 5-65）。动臂提升量要控制在最小限度，即铲斗排土时不碰到土堆，这样可缩短循环周期，减少燃油消耗。

（6）工作面平整作业　工作面平整应使用平刃铲斗。如果工作面是填土，用铲斗底对地面稍加推压，一面保持一定的铲斗角，一

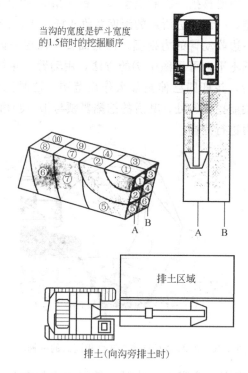

图 5-65 沟的宽度大于铲斗宽度时的挖掘顺序和挖沟时的排土

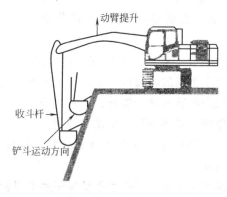

图 5-66 由填土形成的工作面的平整操作

面提升动臂收斗杆（图5-66）。如果工作面是天然地面，平整时用铲刃浅浅地掘削（图5-67）。如果工作面在挖掘机的上方，应使铲斗底部的角度与工作面的坡度一致，然后一面保持铲斗角0°，一面降动臂收斗杆，用铲斗刃尖铲削。铲斗角过大时，刃尖会切入工作面，使铲削过度，因此，保持好铲斗角很重要。如果来不及修正铲斗角时，可暂时停止动臂、斗杆的动作，修正好角度后再继续作业（图5-68）。

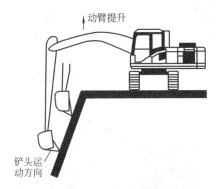

图5-67　天然地面工作面的平整操作

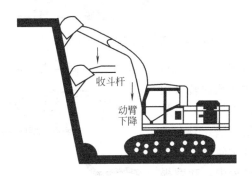

图5-68　工作面在挖掘机上方时的平整操作

　　粗略平整时，斗杆操作杆使用全行程时，作业速度快；精平整时，则用50％的行程；细平整时，应使发动机转速控制在全速的50％～70％进行超微操作。

（7）翻斗车装载作业　翻斗车装载作业过程可分为四道工序：挖掘、动臂提升回转、排土、降下动臂回转。挖掘机装载翻斗车的方法主要有反铲装载法和回转装载法两种。

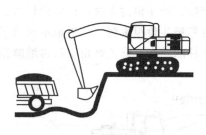

① 反铲装载法　是挖掘机从高于翻斗车的地基上装车（图5-69）。此种方法效率较高，视野好，易装载。采用此法装载时，可设置平台高度与翻斗车车厢相同或略高，平台要平整、牢固。翻斗车倒车时，注意铲斗的位置，到达易

图 5-69　反铲装载法

观察的位置后，挖掘机鸣喇叭示意停车（图5-70）。

图 5-70　平台高度与翻斗车的位置

② 回转装载法　挖掘机与翻斗车在同一水平的地基上装车，挖掘机的车体必须回转（图5-71）。这种方法的工作效率低于反铲装载法，只在现场条件受限制时使用。

在作业过程中，动臂提升回转时铲斗的升高量应适

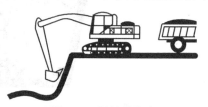

图 5-71　回转装载法

应90°回转中翻斗车的高度。左回转的视野较好，易装载。装载的顺序一般从车厢前部依图5-72中①～⑥顺序装车，这样不仅便于装载还可确保视野。

装载时，挖掘机挖掘、铲土后，动臂提升、回转进行待机。其间翻斗车一边注意铲斗位置一边倒车，倒至铲斗能够到翻斗车最前部时，挖掘机按喇叭示意停车。翻斗车车身一般应与履带相垂直。确定翻斗车停泊位置时，最初不要把斗杆设定在最大展开位置，以能装入翻斗车的最前部为度，给挖掘机的斗杆伸展留有一定的余量（图 5-73）。

图 5-72　回转装载时的装车顺序

图 5-73　回转装载时翻斗车的停泊位置

挖掘从斗杆最大的作用范围挖起，铲斗要取最佳挖掘角度匀滑作业。铲斗通过车厢侧板的同时，进行铲斗卸料操作，向中间排出。最后一次，用回转＋动臂提升回转，排土采用伸展斗杆与铲斗的复合操作，把车厢内的土扒均匀（图 5-74）。以回转＋动臂下降＋铲斗的复合操作，迅速复位至挖掘位置。

3. 箱形坑的挖掘作业

挖掘机可挖掘坑长、宽均为铲斗宽度的两倍，坑深是一个铲斗高度的箱形坑（图 5-75）。挖掘时，铲刃尖垂直于地面，操作动臂＋斗杆＋铲斗，逐渐往下挖，以保证挖掘面平直。

坑的左右两侧面的垂直整平按挖沟的要领实施（图 5-76）。

图 5-74　回转装载时的操作方法　　　　　图 5-75　箱形坑

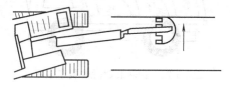

图 5-76　坑的左右侧面的挖掘要领（俯视图）

　　整平远离挖掘机的侧面时，铲斗杆伸展至 80％ 左右，而不要从最大伸展范围开始。用铲刃尖接触挖掘面，一面降下动臂，一面收斗杆，同时一点一点地打开铲斗，确保侧面垂直平整（图5-77）。

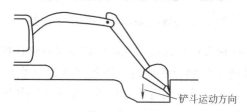

图 5-77　坑的外端侧面的整平

　　整平近车身一侧的侧面时，用铲刃尖接触挖掘面，使斗杆与地面垂直，一边下降动臂，一边伸展斗杆，同时逐渐打开铲斗以确保作业面垂直平整（图 5-78）。

　　坑底面的平整，先用铲刃尖在坑底扒拢后，再使铲斗底面水平后铲挖。

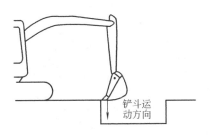

图 5-78　坑的里端侧面的整平

4. 扒拢作业

扒拢作业有两种方法：用铲刃尖扒拢作业和用铲斗底面扒拢作业。

（1）用铲刃尖扒拢作业　是用铲刃尖在地面上水平移动扒拢土、石的作业，如图 5-79 所示。为保持铲刃尖水平移动，操作时需要同时操作动臂和斗杆。

具体操作：先伸展斗杆，降下动臂，使铲刃尖与地面垂直，在斗杆成垂直位置前，一面向近身一侧收斗杆，一面一点一点地提升动臂，斗杆越过垂直位置后，一点一点地降下动臂，如图 5-80 所示。

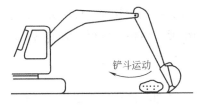

图 5-79　用铲刃尖的扒拢作业

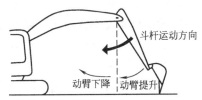

图 5-80　用铲刃尖扒拢作业操作

（2）用铲斗底面扒拢作业　是用铲斗底面在地面上水平移动扒拢土、石的作业，如图 5-81 所示。为保持铲斗底面水平移动，操作时需要同时操作动臂、斗杆和铲斗。

具体操作：先伸展斗杆，降下动臂，使铲斗底面与地面成水平，然后向近身侧收斗杆，当斗杆在达到垂直位置之前，在收斗杆的同时一点一点地提升动臂，以保持铲斗底面水平移动，当斗杆越过垂直位置后，在收斗杆的同时一点一点地降下动臂，且铲斗要一点一点地复位，如图 5-82 所示。

铲斗底面扒拢作业也适用于农田整地作业。

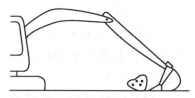

图 5-81　用铲斗底面的扒拢作业

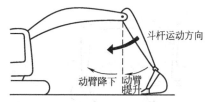

斗杆运动方向

动臂降下　动臂提升

图 5-82　用铲斗底面扒拢作业操作

二、反铲挖掘机的基本作业方式

反铲挖掘机的基本作业方式有沟端挖掘、沟侧挖掘、直线挖掘、曲线挖掘、保持一定角度挖掘、超深沟挖掘和沟坡挖掘等。

1. 沟端挖掘

挖掘机从沟槽的一端开始挖掘，然后沿沟槽的中心线倒退挖掘，自卸车停在沟槽一侧，挖掘机动臂及铲斗回转 40°～45°即可卸料。如果沟宽为挖掘机最大回转半径的 2 倍时，自卸车只能停在挖掘机的侧面，动臂及铲斗要回转 90°方可卸料。若挖掘的沟槽较宽，可分段挖掘，待挖掘到尽头时调头挖掘毗邻的一段。分段开挖的每段挖掘宽度不宜过大，以自卸车能在沟槽一侧行驶为原则，这样可减少作业循环的时间，提高作业效率。

2. 沟侧挖掘

沟侧挖掘与沟端挖掘不同的是，自卸车停在沟槽端部，挖掘机停在沟槽一侧，动臂及铲斗回转小于 90°即可卸料。沟侧挖掘的作业循环时间短、效率高，但挖掘机始终沿沟侧行驶，因此挖掘过的沟边坡较大。

3. 直线挖掘

当沟槽宽度与铲斗宽度相同时，可将挖掘机置于沟槽的中心线上，从正面进行直线挖掘。挖到所要求的深度后再后退挖掘机，直至挖完全部长度。用这种方法挖掘浅沟槽时挖掘机移动的速度较快，反之则较慢，但都能很好地使沟槽底部符合要求。

4. 曲线挖掘

挖掘曲线沟槽时，可用短直线步进挖掘，相继连接而成，为使沟廓有圆滑的曲线，需要将挖掘机中心线稍微向外偏斜，挖掘机同时缓慢地向后移动。

5.保持一定角度挖掘

保持一定角度的挖掘方法通常用于铺设管道的沟槽挖掘，多数情况下挖掘机与直线沟槽保持一定的角度，而曲线部分很小。

6.超深沟挖掘

当需要挖掘面积很大、深度也很大的沟槽时，可采用分层挖掘方法或正、反铲双机联合作业。

7.沟坡挖掘

挖掘沟坡时挖掘机位于沟槽一侧，最好用可调的加长斗杆进行挖掘，这样可使挖出的沟坡不需要修整。

三、挖掘机的操作技巧

1.挖掘前的操作

首先要确认周围状况。对周围障碍物、地形做到心中有数，以便安全操作。要确认履带的前后方向，避免造成倾翻或撞击。尽量不要把终传动面对挖掘方向，否则容易损伤行走马达或软管。要保证作业时左、右履带与地面完全接触，提高整机的动态稳定性。

2.有效挖掘方法

当铲斗油缸和连杆、斗杆油缸和斗杆之间互成 90°时，挖掘力最大；铲斗斗齿和地面保持 30°角时，挖掘力最佳，即切土阻力最小；用斗杆挖掘时，应保证斗杆角度范围在从远侧 45°到近侧 30°之间。同时使用动臂和铲斗能提高挖掘效率。

3.挖掘岩石作业

使用铲斗挖掘岩石会对机器造成较大的损坏，应尽量避免。必须挖掘时，应根据岩石的裂纹走向调整挖掘机机体的位置，使铲斗能够顺利铲入进行挖掘。把斗齿插入岩石裂缝中，用斗杆和铲斗的挖掘力进行挖掘（应留心斗齿的滑脱）。未被碎裂的岩石应先破碎，然后再使用铲斗挖掘。

4.坡面平整作业

进行坡面平整作业时应将挖掘机机体平放在地面上，防止机体摇动，要把握动臂与斗杆之间动作的协调性，控制两者的速度至关重要。

5. 装载作业

挖掘机机体应处于水平稳定位置，否则回转卸载难以准确控制，从而延长作业循环时间；挖掘机机体与卡车之间要保持适当的距离，防止进行 180°回转时机体尾部与卡车相碰；尽量进行左回转装载，这样视野开阔、作业效率高，同时要正确掌握旋转角度，以减少用于回转的时间；卡车位置要比挖掘机低，以缩短动臂提升时间，且视野良好；先装砂土、碎石，再放置大石块，这样可以减少对车箱的撞击。

6. 松软地带或水中作业

在软土地带作业时，应了解土层的松实程度，并注意限制铲斗的挖掘范围，防止滑坡、塌方等事故发生，防止车体沉陷。

在水中作业时，注意挖掘机机体允许的水深范围（水面应在托轮中心以下）。如果水平面较高，回转支撑内部将因水进入导致润滑不良，发动机风扇叶片受水击打会导致折损，电气线路元件浸水则会发生短路。

7. 吊装作业

液压挖掘机吊装操作应确认吊装现场周围状况，使用高强度的吊钩和钢丝绳，吊装时要使用专用的吊装装置；作业方式应选择微操作模式，动作要缓慢平稳；吊绳长短适当，过长会使吊物摆动较大而难以准确控制；正确调整铲斗位置，防止钢丝绳滑脱；施工人员不要靠近吊装物，防止因操作不当发生危险。

8. 平稳的操作方法

作业时，挖掘机的稳定性不仅能提高工作效率、延长机器寿命，而且能确保操作安全（把机器放在较平坦的地面上）；驱动轮在后侧比在前侧的稳定性好，并且能够防止终传动遭受外力撞击；履带在地面上的轴距总是大于轮距，所以朝前作业稳定性好，要尽量避免侧向操作，保持挖掘点靠近挖掘机，以提高稳定性，如挖掘点远离挖掘机，因重心前移作业便不稳定，侧向挖掘比正向挖掘稳定性差，如挖掘点远离挖掘机机体中心，机器会更加不稳定，因此，挖掘点与挖掘机机体中心应保持合适的距离，以使操作平稳、高效。

9. 值得注意的操作

液压缸内部装有缓冲装置，能够在靠近行程末端逐渐释放背压，如果在到达行程末端后受到冲击载荷，活塞将直接碰到缸头或缸底，容易造成事故，因此到行程末端时应尽量留有余隙。

利用回转动作进行推土作业将引起铲斗和工作装置的不正常受力，造成扭曲或焊缝开裂，甚至销轴折断，应尽量避免此种操作。

利用挖掘机机体重量进行挖掘会造成回转支撑不正常受力，同时会对底盘产生较强的振动和冲击，会造成液压缸或液压管路较大的损坏。

在装载岩石等较重的物料时，应靠近卡车车厢底部卸料，先装载泥土，然后装载岩石，禁止高空卸载，以减小对卡车的撞击。

履带陷入泥中较深时，在铲斗下垫上木板，利用铲斗的底端支起履带，然后在履带下垫上木板驶出。

10. 破碎作业

先把锤头垂直放在待破碎的物体上。开始破碎作业时，抬起前部车体大约5cm，破碎时，破碎头要一直压在破碎物上，破碎物被破碎后应立即停止破碎操作。破碎时，振动会使锤头垂直于破碎物体。

当锤头打不进破碎物时，应改变破碎位置，在一个地方持续破碎不要超过1min，否则不仅锤头会损坏，油温也会异常升高。对于坚硬的物体，应从边缘开始逐渐破碎。

严禁边回转边破碎、锤头插入后扭转、水平或向上使用液压锤和将液压锤当凿子用。

四、液压挖掘机生产率的计算

单斗挖掘机的生产率是指在单位时间内，挖掘机从工作面挖掘并装到运输工具上或卸至土堆中的以实方计的土方量。

生产率的单位一般用 m^3/h，也有用 $m^3/$工作班的。生产率 Q

按下式计算：

$$Q=qn\frac{K_{装}}{K_{松}}K_{挖}K_{时}$$

式中 q——铲斗容量，m^3；

n——每小时理论工作循环次数；

$K_{装}$——铲斗装满系数；

$K_{松}$——土壤松散系数；

$K_{挖}$——挖掘阻力系数；

$K_{时}$——时间利用系数，考虑到机械的保养和在工作面中移动所损失的时间，一般取 $0.35\sim0.7$。

每小时理论工作循环次数 n 根据每一工作循环时间 T 而定，T 值主要包括挖掘时间 t_1、满载斗回转到卸载位置所需的时间 t_2、卸载时间 t_3、空斗转回到工作面上方的时间 t_4、铲斗下降到工作面的时间 t_5 等（均以 s 计），即

$$n=\frac{3600}{T}=\frac{3600}{t_1+t_2+t_3+t_4+t_5}$$

n 和 T 的理论值根据结构与传动系的参数计算确定，一般挖掘机（正铲和拉铲工作装置）的 n 与 T 值列于表 5-5 中。

表 5-5 理论工作循环次数 n 和工作循环时间 T

工作装置的类型		每小时工作循环次数 n	工作循环时间 T/s
正铲	斗容量 $3m^3$ 以下	$225\sim210$	$16\sim17$
	斗容量超过 $3m^3$	150	240
拉铲	斗容量 $3m^3$ 以下	$210\sim150$	$17\sim24$
	斗容量超过 $3m^3$	90	40

注：表中所列数值所指的工作条件是正铲的回转角为 90°，拉铲的回转角为 135°，挖掘土壤的级别为 I 级土。

土壤松散系数 $K_{松}$ 是指土壤在挖松以后的体积 $V_{松}$ 与原来密实体积 $V_{密}$ 之比，即

$$K_{松} = \frac{V_{松}}{V_{密}} \geqslant 1$$

土壤松散系数值 $K_{松}$ 不仅随土壤级别不同而不同，而且还与铲斗容量有关，其值列于表5-6中。

表5-6　土壤松散系数

铲斗容量 /m³	土　壤　级　别					
	I	II	III	IV	V 和 VI	
					爆破得好的	爆破得不好的
0.25～0.75	1.12	1.22	1.27	1.35	1.46	1.50
1.00～2.00	1.10	1.20	1.25	1.32	1.44	1.46
3.00～15.0	1.08	1.17	1.22	1.26	1.41	1.45

铲斗装满系数 $K_{装}$ 是指铲斗实际装土量与铲斗几何容积之比。对于不同工作装置和不同土壤的值列于表5-7中。

表5-7　铲斗装满系数

土壤名称	土壤级别	装　满　系　数	
		正铲	拉铲
干砂、干砾石	I、II 和 V、VI	0.95～1.05	0.50～0.90
湿砂、湿砾石	I、II	1.15～1.25	1.10～1.20
沙质黏土	II	1.05～1.10	0.85～1.00
湿的沙质黏土	II	1.20～1.42	1.15～1.25
中等黏土	III	1.10～1.20	0.95～1.05
湿的中等黏土	III	1.30～1.50	1.20～1.30
重黏土	IV	0.95～1.10	0.90～1.10
湿的重黏土	IV	1.25～1.45	—
爆破得好的岩石	I、II 和 V、VI	0.95～1.05	0.50～0.90
爆破得不好的岩石	V 和 VI	0.75～0.90	0.55～0.60

挖掘阻力系数 $K_挖$ 是考虑土壤挖掘阻力对工作循环次数的影响，即实际工作循环次数与理论工作循环次数的比值。其值列于表 5-8 中。

表 5-8　挖掘阻力系数

土壤等级	$K_挖$	土壤等级	$K_挖$
Ⅰ	1.0	Ⅴ	0.7
Ⅱ	0.9	Ⅵ	0.7
Ⅲ	0.8	Ⅶ	0.65
Ⅳ	0.75		

五、提高挖掘机生产率的途径

提高挖掘机的生产率可从以下几方面进行。

① 正确组织施工。自卸车数量及承载能力应满足挖掘机生产能力的要求，且自卸车的容量应为挖掘机铲斗容量的整数倍。同时尽量采用双放装车法，使挖掘机装满一辆，紧接着装下一辆，由于两辆自卸车分别停放在挖掘机铲斗卸土所能及的圆弧线上，这样铲斗顺转装满一车，反转再装另一车，从而提高装车效率。

② 在组织施工中应事先拟定好自卸车的行驶路线，清除不必要的上坡道。挖掘机的各掘进道必须各有一条空车回程道，以免自卸车进出时相互干扰。各运行道路况保持良好，以利自卸车运行。

③ 挖掘机驾驶员应有熟练的操作技术，并尽量采用复合操作，以缩短挖掘机作业循环时间。

④ 挖掘机的技术状况对生产率有较大影响，特别是发动机的动力性能。此外，斗齿发生磨损，铲斗切削阻力将增加 $60\% \sim 90\%$，因此磨钝的斗齿应予以更换。

第二篇 维护与保养

第六章 发 动 机

第一节 概 述

挖掘机的动力源是发动机，它利用燃料燃烧后产生的热能使气体膨胀以推动曲柄连杆机构运转，并通过液压传动机构和执行机件驱动挖掘机工作。由于这种机器的燃料燃烧是在发动机内部进行，所以称为内燃机。挖掘机上使用的内燃机，大多数是往复活塞式内燃机，即燃料燃烧产生的爆发压力通过活塞的往复运动，转变为机械动力。

发动机由于燃料和点火方式的不同，可分为汽油发动机（简称汽油机）和柴油发动机（简称柴油机）两大类型。汽油机一般是先使汽油和空气在化油器内混合成可燃混合气，再输入发动机气缸并加以压缩，然后用火花塞使其燃烧发热而做功，这种汽油机称为化油器式汽油机。有的汽油机是将汽油直接喷入气缸或进气管内，同空气混合成可燃混合气，再用火花塞点燃，这种汽油机称为汽油喷射式汽油机。柴油机所使用的燃料是轻柴油，一般是通过喷油泵和喷油器将柴油直接喷入发动机气缸，与在气缸内经过压缩后的空气均匀混合，使之在高温下自燃，这种发动机称为压燃式发动机。

第二节 基 本 术 语

1. 上止点

活塞顶离曲轴中心最远处，即活塞最高位置，称为上止点。

2. 下止点

活塞顶离曲轴中心最近处，即活塞最低位置，称为下止点。

3. 活塞行程

上、下止点间的距离，称为活塞行程。

4. 曲柄半径

曲轴与连杆下端的连接中心至曲轴中心的距离，称为曲柄半径。

5. 气缸工作容积

活塞从上止点到下止点所扫过的容积，称为气缸工作容积或气缸排量。

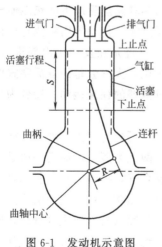

图 6-1 发动机示意图

6. 气缸总容积

活塞在下止点时，其顶部以上的容积，称为气缸总容积。

7. 燃烧室容积

活塞在上止点时，其顶部以上的容积，称为燃烧室容积。

8. 压缩比

压缩前气缸中气体的最大容积与压缩后的最小容积之比，称为压缩比。换言之，压缩比等于气缸总容积与燃烧室容积之比。

发动机示意图如图 6-1 所示。

第三节 发动机工作原理

在活塞式内燃发动机中，气体的工作状态包含进气、压缩、做功和排气四个过程的循环。这四个过程的实现是活塞与气门运动情况相联系的，使发动机一个循环接一个循环地持续工作。四冲程发动机就是曲轴转两圈，活塞在气缸内上下各两次，进、排气门各开闭一次，完成进气、压缩、做功、排气四个过程，产生一次动力（图6-2）。

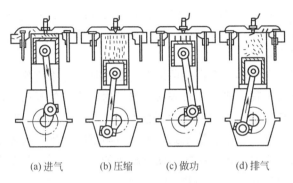

(a) 进气　　(b) 压缩　　(c) 做功　　(d) 排气

图 6-2　四冲程发动机工作循环

1. 进气行程

当活塞由上止点向下止点移动时，进气门开启，排气门关闭。对于汽油机而言，空气和汽油合成的可燃混合气被吸入气缸；对于柴油机而言，在活塞进气过程中吸入气缸的只是纯净的空气。这一活塞行程就称为进气行程。

2. 压缩行程

对于汽油机而言，为使吸入气缸的可燃混合气能迅速燃烧，以产生较大的压力，从而使发动机发出较大功率，必须在燃烧前将可燃混合气压缩，使其体积缩小、密度加大、温度升高，即需要有压缩过程。在这个过程中，进、排气门全部关闭，曲轴推动活塞由下止点向上止点移动一个行程，称为压缩行程。

3. 做功行程

在这个行程中，进、排气门仍旧关闭。对于汽油机而言，在压缩行程终了之前，即当活塞接近上止点时，装在气缸盖上的火花塞即发出电火花，点燃被压缩的可燃混合气。可燃混合气被燃烧后，放出大量的热能。因此，燃气的压力和温度迅速增加，所能达到的最高压力约为 3～5MPa，相应的温度则为 2200～2800K。对于柴油机而言，在压缩行程终了之前，通过喷油器向气缸喷入高压柴油，迅速与压缩后的高温空气混合，形成可燃混合气后自行燃烧。此时，气缸内气压急速上升到 6～9MPa，温度也升到 2000～2500K。高温高压的燃气推动活塞从上止点向下止点运动，通过连杆使曲轴旋转并输出机械能，这一活塞行程称为做功行程。

4. 排气行程

可燃混合气燃烧后产生的废气，必须从气缸中排除，以便进行下一个进气行程。当做功行程接近终了时，排气门开启，靠废气的压力进行自由排气，活塞到达下止点后再向上止点移动时，继续将废气强制排到大气中。活塞到达上止点附近时，排气行程结束。

如果改变发动机的结构，使发动机的工作循环在两个活塞行程中完成，即在曲轴旋转一圈的时间内完成，这种发动机就称为二冲程发动机。

第四节　发动机基本结构

发动机是一部由许多机构和系统组成的复杂机器。下面介绍四冲程发动机的一般构造（图 6-3）。

1. 曲柄连杆机构

包括气缸盖、气缸体、油底壳、活塞、连杆、飞轮、曲轴等。

2. 配气机构

包括进气门、排气门、挺杆、推杆、摇臂、凸轮轴、凸轮轴正时齿轮、曲轴正时齿轮等。

3. 供给系

包括汽油箱、汽油泵、汽油滤清器、化油器（喷油泵）、空气滤清器、进气管、排气管、排气消声器等。

4. 点火系

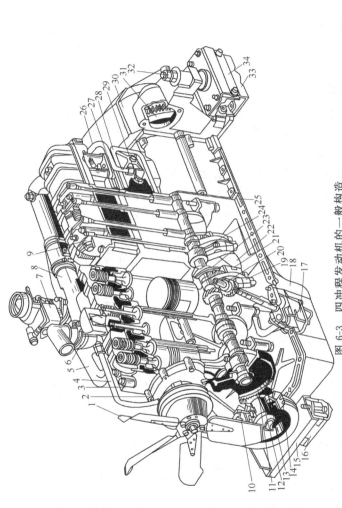

图 6-3 四冲程发动机的一般构造

1—风扇；2—水泵；3—气缸盖；4—小循环水管；5—进、排气支管总成；6—曲轴箱通风；7—化油器；8—气缸盖出水管；9—摇臂机构；10—空气压缩机皮带；11—曲轴正时齿轮；12—凸轮轴正时齿轮；13—正时内齿轮；14—风扇皮带；15—发动机前悬置支架总成；16—发动机前悬置软垫总成；17—机油泵；18—油底壳；19—活塞；20—机油泵、分电器总成；21—主轴承盖；22—曲轴；23—曲轴止推片；24—凸轮轴；25—油底壳衬垫；26—曲轴箱通风管；27—气缸体；28—后挺杆室盖；29—曲轴箱通风挡油板；30—飞轮壳；31—飞轮；32—发动机后悬置螺栓、螺母；33—发动机后悬置软垫；34—限位板

139

包括蓄电池、发电机、分电器、点火线圈、火花塞等。

5. 冷却系

包括水泵、散热器、风扇、分水管、气缸体放水阀、水套等。

6. 润滑系

包括机油泵、集滤器、限压阀、润滑油道、机油粗滤器、机油冷却器等。

7. 启动系

包括启动机及其附属装置。

发动机一般都由上述两个机构和五个系统所组成。

一、曲轴连杆机构

曲柄连杆机构的功用，是把燃气作用在活塞顶上的力转变为曲轴的转矩，以向工作机械输出机械能。曲柄连杆机构的主要零件可以分为三组：机体组、活塞连杆组、曲轴飞轮组。

1. 机体组

机体组由气缸体、气缸盖、气缸垫和油底壳等机件组成。

（1）气缸体　是发动机所有零件的装配基体，应具有足够的刚度和强度，一般用优质灰铸铁制成。气缸体上半部有一个或若干个为活塞在其中运动导向的圆柱形空腔，称为气缸。气缸下半部为支承曲轴的曲轴箱，其内腔为曲轴运动的空间。

气缸工作表面经常与高温、高压的燃气相接触，且有活塞在其中作高速往复运动，所以必须对气缸和气缸盖随时加以冷却。冷却方式有两种：一种用水来冷却（水冷）；另一种直接用空气来冷却（风冷）。发动机用水冷却时，气缸周围和气缸盖中均有充水的空腔，称为水套。气缸体和气缸盖上的水套是相互连通的。发动机用空气冷却时，在气缸体和气缸盖外表面铸有许多散热片，以增加散热面积。

为了提高气缸表面的耐磨性，广泛采用镶入缸体内的气缸套，形成气缸工作表面。气缸套用合金铸铁或合金钢制造，以延长其使用寿命。气缸套有干式和湿式两种。干缸套不直接与冷却水接触，壁厚一般为 1～3mm。湿缸套则与冷却水直接接触，壁厚一般为

5～9mm，通常装有1～3道橡胶密封圈来封水，防止水套中的冷却水漏入曲轴箱内。

（2）气缸盖　主要功用是封闭气缸上部，并与活塞顶部和气缸壁一起形成燃烧室。气缸盖内部有冷却水套，用来冷却燃烧室等高温部分。气缸盖上应有进、排气门座及气门导管孔和进、排气通道等。汽油机气缸盖还设有火花塞座孔，而柴油机则设有安装喷油器的座孔。

气缸盖用螺栓紧固在气缸体上。拧紧螺栓时，必须按由中央对称地向四周扩展的顺序分几次进行，以免损坏气缸垫和发生漏水现象。

（3）气缸垫　气缸盖与气缸体之间置有气缸垫，以保证燃烧室的密封。一般用石棉中间夹有金属丝或金属屑，外覆铜皮或钢皮制成。近年来，国内正在试验采用膨胀石墨作为衬垫的材料。

（4）油底壳　主要功用是储存机油并封闭曲轴箱。油底壳受力很小，一般采用薄钢板冲压而成。油底壳底部装有放油塞。有的放油塞是磁性的，能吸集机油中的金属屑，以减少发动机零件的磨损。

2. 活塞连杆组

活塞连杆组由活塞、活塞环、活塞销、连杆等机件组成（图6-4）。

（1）活塞　主要功能是承受气缸中气体压力所造成的作用力，并将此力通过活塞销传给连杆，以推动曲轴旋转。活塞顶部还与气缸盖、气缸壁共同组成燃烧室。目前广泛采用的活

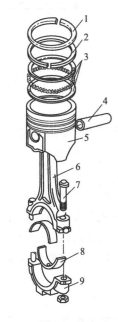

图6-4　发动机活塞连杆
1—第一道气环；2—第二道气环；
3—组合油环；4—活塞销；
5—活塞；6—连杆；
7—连杆螺栓；8—连
杆轴瓦；9—连杆盖

塞材料是铝合金。活塞的基本构造可分顶部、头部和裙部三部分（图6-5）。

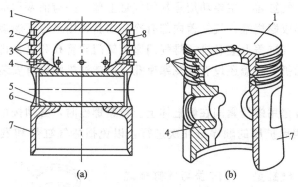

图 6-5　活塞结构剖示图

1—活塞顶；2—活塞头；3—活塞环；4—活塞销座；

5—活塞销；6—活塞销锁环；7—活塞裙；

8—加强筋；9—环槽

活塞顶部多为平顶式和凹顶式。活塞头部切有安装活塞环用的槽，汽油机一般有2～3道环槽，上面1～2道用于安装气环，下面一道用于安装油环。柴油机由于压缩比高，常设有3道气环，2道油环。在油环槽的底部上钻有许多径向小孔，以便使油环从气缸壁上刮下来的多余机油，经这些小孔流回油底壳。活塞裙部用来引导活塞在气缸内往复运行，并承受侧压力。活塞裙部上有活塞销孔，两头有安装活塞销用的锁环环槽。

（2）活塞环　分为气环和油环。气环的作用是保证活塞与气缸壁间的密封，防止气缸中的高温、高压燃气大量漏入曲轴箱，同时将活塞顶部的热量传导给气缸壁，再由冷却水或空气带走。油环的作用是刮去气缸壁上多余的机油，在气缸壁上均匀地形成一层机油膜，既可以防止机油窜入气缸燃烧，又可以减少活塞、活塞环与气缸壁间的磨损。

为了保证气缸有良好的密封性，安装活塞环时应注意第一道气环的内倒角朝上，第二、三道气环的外倒角朝下。为避免活塞环端口重叠，造成漏气，各活塞环开口在安装时应成十字互相错开，同时应避免在活塞销的方向上。

目前广泛应用的活塞环材料是合金铸铁。在高温、高压、高速以及润滑困难的条件下工作的活塞环是发动机所有零件中工作寿命最短的。当活塞环磨损到失效时，将出现发动机启动困难，功率不足，曲轴箱压力升高，通风系统严重冒烟，机油消耗增加，排气冒蓝烟，燃烧室、活塞表面严重积炭等不良状况。

（3）活塞销　功能是连接活塞和连杆小头，将活塞承受的气体作用力传给连杆。活塞销一般用低碳钢或低碳合金钢制造。

活塞销与活塞销座孔和连杆小头衬套孔的连接配合，一般采用"全浮式"，即在发动机工作时，活塞销在连杆小头衬套孔内和活塞销座孔内缓慢地转动，使活塞销各部分的磨损比较均匀。为了防止销的轴向窜动而刮伤气缸壁，在活塞销座两端用卡环嵌在销座凹槽中加以轴向定位。

（4）连杆　功能是将活塞承受的力传给曲轴，从而使得活塞的往复运动转变为曲轴的旋转运动。连杆一般用中碳钢或合金钢经模锻或辊锻而成。

连杆由小头、杆身和大头三部分组成。连杆小头与活塞销相连，小头内装有青铜衬套，小头和衬套上钻孔或铣槽用来集油，以便润滑。杆身通常做成"工"字形断面。大头与曲轴的曲柄销相连，一般做成两个半圆件，被分开的半圆件称为连杆盖，两部分用高强度精制螺栓紧固，装配时按规定扭矩拧紧。连杆轴瓦上有油孔及油槽，安装时应将油孔对准连杆大头上的油眼，以使喷出的机油能甩向气缸壁。

连杆大头两个半圆件的切口可分为平切口和斜切口两种。汽油机连杆大头尺寸都小于气缸直径，可采用平切口。柴油机的连杆由于受力较大，大头尺寸往往超过气缸直径。为使连杆大头能通过气缸，一般采用斜切口。

3. 曲轴飞轮组

曲轴飞轮组主要由曲轴和飞轮以及其他不同作用的零件和附件组成。

（1）曲轴　功用是把连杆传来的推力转变成旋转的扭力，经飞轮再传给传动装置，同时还带动凸轮轴、风扇、水泵、发电机等附件工作，为了保证可靠工作，曲轴应具有足够的刚度和强度，各工作面要耐磨而且润滑良好。

曲轴的组成如下（图6-6）。

① 前端轴——曲轴前端装有正时齿轮、驱动风扇和水泵的皮带盘、前油封和挡油圈以及启动爪等。

② 主轴颈——用来支承曲轴，主轴颈用轴承（主轴瓦俗称大瓦）安装在气缸体的主轴承座上。

③ 连杆轴颈——又称曲柄销，与连杆大头相连。由一个连杆轴颈和它两端的曲柄以及前后两个主轴构成一个曲拐。

④ 平衡重——曲轴平衡重的功用是平衡由连杆轴颈、曲柄等

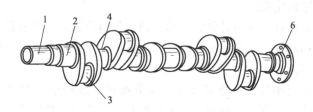

(a) 解放CA6102型发动机曲轴

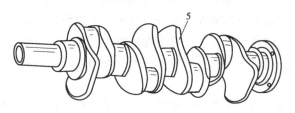

(b) 北京BJ492型发动机曲轴

图6-6　曲轴

1—前端轴；2—主轴颈 3—连杆轴颈（曲柄销）；

4—曲柄；5—平衡重；6—后端凸缘

引起的离心力。

⑤ 后端凸缘——曲轴后端凸缘上安装飞轮。

多缸发动机各曲拐的布置，取决于气缸数、气缸排列形式和发动机的工作顺序（也称发火次序）。在安排发动机的发火次序时，力求做功间隔均匀，各缸发火的间隔时间最好相等。对于四冲程发动机来讲，发火间隔角为720°/缸数，即曲轴每转720°/缸数时，就应用一缸做功，以保证发动机运转平稳。

四冲程直列四缸发动机发火次序——发火间隔角为720°/4＝180°。其曲拐布置如图6-7所示，四个曲拐布置在同一平面内。发火次序有两种可能的排列法，即1-2-4-3或1-3-4-2，它们的工作循环分别见表6-1、表6-2。

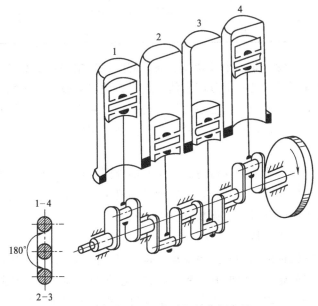

图 6-7　直列四缸发动机的曲拐布置

四冲程直列六缸发动机，因缸数为6，所以发火间隔角为720°/6＝120°，六个曲拐布置在三个平面内，各平面夹角为120°，通常的发火次序为1-5-3-6-2-4。

表 6-1　四缸机工作循环表（发火次序 1-2-4-3）

曲轴转角	第一缸	第二缸	第三缸	第四缸
0°～180°	做功	压缩	排气	进气
180°～360°	排气	做功	进气	压缩
360°～540°	进气	排气	压缩	做功
540°～720°	压缩	进气	做功	排气

表 6-2　四缸机工作循环表（发火次序 1-3-4-2）

曲轴转角	第一缸	第二缸	第三缸	第四缸
0°～180°	做功	排气	压缩	进气
180°～360°	排气	进气	做功	压缩
360°～540°	进气	压缩	排气	做功
540°～720°	压缩	做功	进气	排气

（2）飞轮　是一个转动惯性很大的圆盘，主要功能是将做功行程中曲轴所得到的一部分能量储存起来，用以克服进、排气和压缩三个辅助行程的阻力，使发动机运转平稳，并提高发动机短时期超负荷工作能力，使机动车容易起步。此外，飞轮还是离合器的组成部件。

飞轮多采用灰铸铁铸造。在飞轮的外圆上压装有启动齿圈，可与启动机的驱动齿轮啮合，供启动发动机用。飞轮上通常刻有第一缸发火正时的记号，以便校准发火时间。

二、配气机构

配气机构的功能是按照发动机每一气缸内所进行的工作循环和发火次序的要求，定时开启和关闭各气缸的进、排气门。使新鲜可燃耗混合气（汽油机）或空气（柴油机）得以及时进入气缸，废气得以及时从气缸排出。

1. 配气机构的布置形式

配气机构的布置形式分为顶置式气门和侧置式气门两种。

（1）气门顶置式配气机构　这种配气机构应用最广泛，其进气门和排气门都安装在气缸盖上。它由凸轮轴、挺杆、推杆、摇臂轴支座、摇臂、气门、气门导管、气门弹簧及气门锁片等机件组成，如图 6-8 所示。

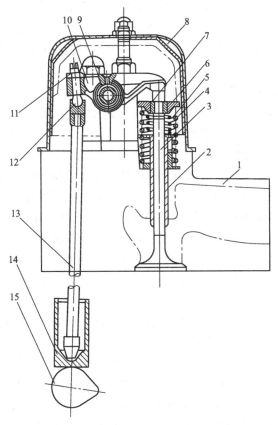

图 6-8　气门顶置式配气机构

1—气缸盖；2—气门导管；3—气门；4—气门主弹簧；5—气门副弹簧；
6—气门弹簧座；7—气门锁片；8—气门室罩；9—摇臂轴；10—摇臂；
11—锁紧螺母；12—调整螺钉；13—推杆；14—挺杆；15—凸轮轴

　　发动机工作时，曲轴通过正时齿轮驱动凸轮轴旋转。当凸轮的凸起部分向上转动顶起挺杆时，通过推杆和调整螺钉使摇臂绕摇臂轴摆动，压缩气门弹簧，使气门离座，即气门开启。当凸轮的凸起部分离开挺杆后，气门便在气门弹簧力作用下上升落座，即气门关闭。

（2）气门侧置式配气机构　这种配气机构的进、排气门都布置在气缸体的一侧。它由凸轮轴、挺杆、挺杆座、气门、气门弹簧、气门导管、气门锁销等机件组成。其工作情况与顶置式相似。由于这种形式的配气机构使发动机的动力性和高速性较差，目前已趋于淘汰。

2. 配气机构的主要机件

（1）气门组　包括气门、气门座及气门弹簧等零件。气门组应保证气门能够实现气缸的密封。

① 气门　分进气门和排气门两种，它由气门头和气门杆组成。气门头的圆锥面用来与气门座的内锥面配合，以保证密封；气门杆与气门导管配合，为气门导向。进气门的材料采用普通合金钢（如铬钢或镍铬钢等），排气门则采用耐热合金钢（如硅锰钢或铬钢）。

气门头顶部的形状有平顶、球面顶和喇叭顶三种，目前使用最普遍的是平顶气门头。气门头工作锥面的锥角，称为气门锥角。一般汽油采用进气门 35°锥角、排气门 45°锥角；柴油机的进、排气门均采用 45°锥角。

气门杆呈圆柱形，它的尾端用凹槽和锁片或用眼孔和锁销来固定弹簧座。

② 气门座　在气缸盖上（气门顶置时）或气缸体上（气门侧置时）直接镗出。它与气门头部共同对气缸起密封作用。

③ 气门导管　主要起导向作用，保证气门作直线往复运动，使气门与气门座能正确贴合。气门杆与气门导管之间一般留有 0.05～0.12mm 间隙。气门导管大多数用灰铸铁、球墨铸铁或铁基粉末冶金合金制成。

④ 气门弹簧　保证气门及时落座并紧紧贴合。因此，气门弹簧在安装时必须有足够的顶紧力。气门弹簧多为圆柱形螺旋弹簧，其材料为高碳锰钢、铬钒钢等冷拔钢丝。

（2）气门传动组　使进、排气门能按配气相位规定的时刻启闭，且保证有足够的开度。它包括凸轮轴、正时齿轮、挺杆及其导管，气门顶置式配气机构还有推杆、摇臂和摇臂轴等。

① 凸轮轴　其上有气缸进、排气凸轮，用以使气门按一定的工作次序和配气相位及时启闭，并保证气门有足够的升程（图 6-9）。

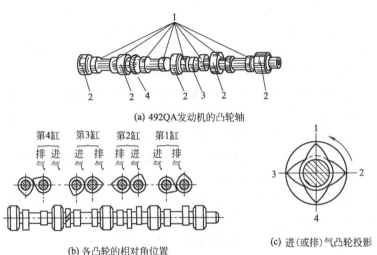

(a) 492QA发动机的凸轮轴

(b) 各凸轮的相对角位置

(c) 进（或排）气凸轮投影

图 6-9　四缸四冲程汽油机凸轮轴

1—凸轮；2—凸轮轴轴颈；3—驱动汽油泵的偏心轮；4—驱动分电器等的螺旋齿轮

凸轮轴一般用优质钢模锻而成，也可采用合金铸铁或球墨铸铁铸造。

发动机各气缸的进气（或排气）凸轮的相对角位置应符合发动机各气缸的发火次序和发火间隙时间的要求。因此，根据凸轮轴的旋转方向及各进气（或排气）凸轮的工作次序，就可以判定发动机的发火次序。

② 挺杆　将凸轮的推力传给推杆（置顶式）或气门杆（侧置式），并承受凸轮轴旋转时所施加的侧向力。

气门顶置式配气机构的挺杆制成筒形，以减轻重量；气门侧置式配气机构的挺柱制成菌形，其上部装有调节螺钉，用来调节气门间隙。

③ 推杆　将挺杆传来的推力传给摇臂。它是气门机构中最易弯曲的零件，要求有很高的刚度，推杆可以是实心的，也可以是空心的。

④ 摇臂　实际上是一个双臂杠杆，用来将推杆传来的力改变方向，作用到气门杆端以推开气门。

为了增大气门升程，通常将摇臂的两个力臂制成不等长度。长臂一端是推动气门的，端头的工作表面为圆柱形。短臂一端安装带有球头的调整螺钉，用以调节气门间隙。

⑤ 摇臂轴　是一空心管状轴，用支座安装在气缸盖上。摇臂就套装在摇臂轴上，能在轴上作圆弧摆动。轴的内腔与支座油道相通，机油流向摇臂两端进行润滑。

⑥ 正时齿轮　凸轮轴通常由曲轴通过一对正时齿轮驱动（俗称时规齿轮）。小齿轮安装在曲轴前端，称为曲轴正时齿轮。大齿轮安装在凸轮轴的前端，称为凸轮轴正时齿轮。小齿轮的是大齿轮的 1/2，使曲轴旋转两周，凸轮轴旋转一周。

为保证正确的配气相位和着火时刻，在大、小齿轮上均刻有正时记号。在装配曲轴和凸轮轴时，必须按正时记号对准。

3. 配气相位及气门间隙

配气相位就是进、排气门的实际启闭时刻，通常用相对于上、下止点曲拐位置的曲轴转角来表示。

由于发动机的曲轴转速很高，活塞每一行程历时短达千分之几秒。为了使气缸中充气较足，废气排除较净，要求尽量延长进、排气时间。所以，四冲程发动机气门开启和关闭终了时刻，并不正好在活塞的上、下止点，而是提前和延迟一些，以改善进、排气状况，从而提高发动机的动力性。

如图 6-10 所示，在排气行程接近终了，活塞到达上止点之前，即曲轴转到离曲拐的上止点位置还差一个角度 α 时，进气门便开始开启，直到活塞过了下止点重又上行，即曲轴转到超过曲拐的下止点位置以后一个角度 β 时，进气门才关闭。这样，整个进气行程持续时间相当于曲轴转角 $180°+\alpha+\beta$。α 一般为 $10°\sim30°$，β 一般为

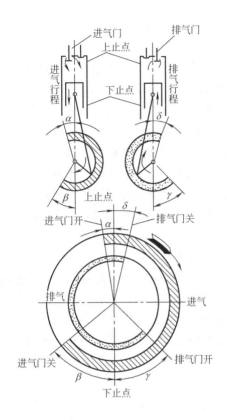

图 6-10　配气相位

$40°\sim80°$。

　　进气门提前开启的目的，是为了保证进气行程开始时进气门已开大，新鲜空气能顺利地充入气缸。当活塞到达下止点时，气缸内压力仍低于大气压力，在压缩行程开始阶段，活塞上移速度较慢的情况下，仍可利用气流惯性和压力差继续进气，因此，进气门晚关一些是有利于充气的。

　　同样，在做功行程接近终了，活塞到达下止点前，排气门便开始开启，提前开启的角度 γ 一般为 $40°\sim80°$。经过整个排气行程，在活塞越过上止点后，排气门才开始关闭，排气门关闭的延迟角 δ

一般为 $10°\sim30°$。整个排气过程的持续时间相当于曲轴转角 $180°+\gamma+\delta$。

排气门提前开启的原因是，当做功行程活塞接近下止点时，气缸内的气体虽有 $0.3\sim0.4$MPa 的压力，但就对活塞做功而言，作用不大，这时若稍开启排气门，大部分废气在此压力作用下可迅速从气缸内排出；当活塞到下止点时，气缸内压力已大大下降（约为 0.115MPa），这时排气门的开度进一步增加，从而减少了活塞上行时的排气阻力。高温废气的迅速排出，还可以防止发动机过热。当活塞到达上止点时，燃烧室内的废气压力仍高于大气压力，加之排气时气流有一定的惯性，所以排气门迟一些关闭，可以使废气排放得较干净。

由于进气门在上止点前即开启，而排气门在上止点后才关闭，这就出现了在一段时间内排气门和进气门同时开启的现象，这种现象称为气门重叠，重叠的曲轴转角称为气门重叠角。由于新鲜气流和废气流的流动惯性都比较大，在短时间内是不会改变流向的，因此，只要气门重叠角选择适当，就不会有废气倒流入进气管和新鲜气体随同废气排出的可能性。这对于换气是有利的。但应注意，如气门重叠角过大，当汽油机小负荷运转，进气管内压力很低时，就可能出现废气倒流，使进气量减少。

对于不同发动机，由于结构形式、转速各不相同，因而配气相位也不相同。合理的配气相位应根据发动机性能要求，通过反复试验确定。

发动机工作时，气门将因温度升高而膨胀。如果气门及其传动件之间，在冷态时间隙过小或没有间隙，则在热态下气门及其传动件的膨胀势必引起气门关闭不严，造成发动机在压缩和做功行程中的漏气，使功率下降，严重时不易启动。为了消除这种现象，通常在发动机冷态装配时，在气门及其传动件中留有适当的间隙，以补偿气门受热后的膨胀量，这一间隙通常称为气门间隙。气门间隙的大小一般由发动机制造厂根据试验确定。一般在冷态时，进气门的间隙为 $0.25\sim0.3$mm，排气门间隙为 $0.3\sim0.35$mm。

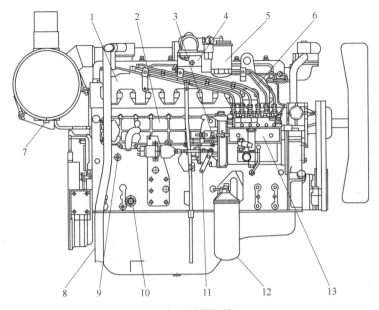

(a) 燃油供给系统

1—进气歧管；2—机油冷却器；3—调速器操纵杆；
4—进气加热器；5—燃油滤清器；6—燃油管；
7—排水口；8—通气孔软管；9—排水口；
10—油压安全阀；11—调速器停车操纵杆；
12—滤油器；13—喷油泵

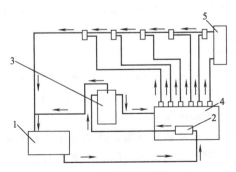

(b) 燃油供给油路

1—燃油箱；2—输油泵；3—燃油滤清器；
4—喷油泵；5—喷油器

图 6-11　燃油供给系统和供给油路

三、柴油机供给系

燃油供给系统和供给油路如图 6-11 所示。

柴油机使用的燃料是柴油。与汽油相比，柴油黏度大，蒸发性差，一般来说不可能通过化油器在气缸外部与空气形成均匀的混合气，故采用高压喷射的方法。在压缩行程接近终了时，把柴油喷入气缸，直接在气缸内部形成混合气，并借缸内空气的高温自行发火燃烧。此特点决定了柴油机供给系的组成、构造及其工作原理与汽油机供给系有较大的区别。

柴油机供给系由燃油供给、空气供给、混合气形成及废气排出四套装置组成。燃油供给装置由柴油箱、输油泵、低压油管、柴油滤清器、喷油泵、高压油管、喷油器和回油管组成。空气供给装置由空气滤清器、进气管和气缸盖内的进气道组成。混合气形成装置即是燃烧室。废气排出装置由气缸盖内的排气道、排气管和排气消声器组成。

1. 柴油

与汽油相比，柴油具有分子量大、蒸馏温度高、黏度大、自燃点低、便宜等特点。评介柴油质量的主要性能指标是发火性、蒸发性、黏度和凝点。

发火性是指燃油的自燃能力。柴油的自燃点约为 300℃。柴油的发火性用十六烷值表示，十六烷值愈高，发火性愈好。

蒸发性是由燃油的蒸馏试验确定的。蒸发性愈好，愈有利于可燃混合气的形成和燃烧。

黏度决定燃油的流动性，黏度愈小，则流动性愈好，但容易泄漏，供油不足，功率下降。黏度过大，不易喷雾，混合气质量差，燃烧不完全。所以柴油的黏度应适当。

凝点是柴油冷却到开始具有流动性的温度，它表示柴油在低温时流动性的好坏。国产柴油以凝点的温度来命名牌号，如 10 号、0 号和 -35 号轻柴油的凝点分别为 10℃、0℃ 和 -35℃。

综上所述，柴油机应选用十六烷值较高、蒸发性较好、凝点和黏度合适、不含水分和机械杂质的柴油。

2. 可燃混合气的形成与燃烧

柴油机的可燃混合气直接在燃烧室内形成，通常把柴油机的燃烧过程分为四个阶段。

第一阶段是备燃期。当压缩行程终了，活塞到达上止点前某一时刻，柴油开始喷入燃烧室，迅速与高温高压雾化空气混合、升温并氧化，进行燃烧前的化学准备过程。

第二阶段是速燃期。此时活塞位于上止点附近，火焰从着火点处迅速向四周传播，气缸压力很快升到最大值，推动活塞下行做功。

第三阶段是缓燃期。活塞在下行中一边燃烧，一边继续喷油，直到喷油停止，绝大部分柴油被烧掉，放出大量热量，燃烧温度可达 1973～2273K。

第四阶段是后燃期。在缓燃期中没有烧掉的柴油继续燃烧，但因做功行程接近结束，放出的热量大部分被废气带走。

可见，柴油的燃烧过程贯穿于整个做功行程的始终。

3. 燃烧室

由于柴油机的混合气形成和燃烧是在燃烧室进行的，故燃烧室结构形式直接影响混合气的品质和燃烧状况。柴油机燃烧室分为统一式燃烧室和分隔式燃烧室两大类。

统一式燃烧室是由凹形活塞顶与气缸盖底面所包围的单一内腔，燃油自喷油器直接喷射到燃烧室中，故又称为喷射式燃烧室。采用这种燃烧室时一般配用多孔式喷油器。

分隔式燃烧室由两部分组成，一部分是活塞顶与气缸盖底面之间，称为主燃烧室，另一部分在气缸盖中，称为副燃烧室。这两部分由一个或几个孔道相连。采用这种燃烧室时配用轴针式单孔喷油器。按其结构又可分为涡流室燃烧室和预燃室燃烧室两种。

4. 喷油器

喷油器的功用是将柴油雾化成较细的颗粒，并把它们分布到燃烧室中。根据混合气形成与燃烧的要求，喷油器应具有一定的喷射压力和射程，以及合适的喷注锥角。此外，喷油器在规定的停止喷油时刻应能迅速切断油的供给，不发生滴漏现象。目前，中、小功率高速柴油机绝大多数采用闭式喷油器，其常见的形式有两种：多孔式喷油器和轴针式喷油器。

国产柴油机多采用多孔式喷油器，主要用于具有统一式燃烧室的柴油机。喷油孔的数目一般为 $1\sim8$，喷油孔直径为 $0.2\sim0.8$mm。喷油孔数和喷油孔角度的选择由燃烧室的开关、大小和空气涡流情况而定。

5. 喷油泵

喷油泵的功用是定时、定量地向喷油器输送高压燃油。多缸柴油机的喷油泵应保证：各缸的供油次序符合所要求的发动机发火次序；各缸供油量均匀，不均匀度在标定工况下不大于 3%；各缸供油提前角一致，相差不大于 $0.5°$ 曲轴转角；供油和停止迅速，避免喷油器滴漏现象。

喷油泵的结构形式很多，可分为三类：柱塞式喷油泵、喷油器和转子分配式喷油泵。柱塞式喷油泵性能良好，使用可靠，目前为大多数柴油机所采用。

6. 调速器

柴油机工作时的供油量主要取决于喷油泵的油门拉杆位置。此外，还受到发动机转速的影响。因为当发动机转速增高时，喷油泵柱塞的运动加快，柱塞套上油孔的阻流作用增强，柱塞上行到尚未完全封闭油孔时，柴油来不及从油孔挤出，致使泵腔内的油压及早升高，供油时刻略有提前。同样道理，当柱塞下行到其斜槽与油孔接通时，泵腔内油压一时又降不下来，使供油停止时刻略有延迟。这样，发动机转速升高，柱塞有效行程增长，供油量急剧增多，如此反复循环，导致发动机超速运转而发生"飞车"。反之，随着发动机转速的降低，供油量反而自动减少，最后使发动机熄火。调速器的作用是为了适应柴油机负荷的变化，自动地调节喷油泵的供油量，保证柴油机在各种工况下稳定运转。

柴油机多采用离心式调速器，即利用飞球离心力的作用来实现供油量的自动调节。离心式调速器分为两速调速器和全速调速器。

保证柴油机怠速运转稳定和能限制最高转速的称为两速调速器。保证柴油机在全部转速范围内的任何转速下稳定工作的，称为全速调速器。

7. 喷油提前角调节装置

喷油提前角的大小对柴油机工作过程影响很大。喷油提前角过大时，由于喷油时缸内空气温度较低，混合气形成条件较差，备燃期较长，将导致发动机工作粗暴，严重时会引起活塞敲缸；喷油提前角过小时，将使燃烧过程延迟过多，所能达到的最高压力降低，热效率也明显下降，且排气管中常冒白烟。因此为保证发动机有良好的性能，必须选定最佳喷油提前角。

最佳喷油提前角是在转速和供油量一定的条件下，能获得最大功率及最小燃油消耗率的喷油提前角。应当指出，对任何一台柴油机而言，最佳喷油提前角都不是常数，而是随供油量和曲轴转速变化的。供油量愈大，转速愈高，则最佳喷油提前角也愈大。此外，它还与发动机的结构有关，如采用统一式燃烧室时，最佳喷射提前角就比采用分隔式燃烧室时要大些。

喷油提前角实际上是由喷油泵供油提前角保证的，而调节整个喷油泵供油提前角的方法是改变发动机曲轴与喷油泵凸轮轴的相对角位置。近年来国内外车用柴油机常装用机械离心式供油提前角自动调节器，以适应转速的变化而自动改变喷油提前角。

8. 柴油机供给系的辅助装置

（1）滤清器 柴油在运输和储存过程中，不可避免地会混入尘土、水分和机械杂质。柴油中水分会引起零件锈蚀，杂质会导致供油系统精密偶件卡死。为保证喷油泵和喷油器工作可靠并延长其使用寿命，除使用前将柴油严格沉淀过滤外，在柴油机供油系统工作过程中，还采用柴油滤清器，以便仔细清除柴油中的杂质和水分。

目前常用的滤清器是单级微孔纸芯滤清器。因其滤清效率高、使用寿命长、抗水能力强、体积小、成本低等优点，在柴油滤清器中获得广泛应用。

（2）输油泵 功能是以一定的压力将足够数量的油从油箱输送

到喷油泵。

活塞式输油泵由于工作可靠，目前应用广泛。它安装在喷油泵壳体的外侧，依靠喷油泵凸轮轴上的偏心轮来驱动。在输油泵上还装有手油泵，其作用是在柴油机启动前，用来排除渗入低压油路中的空气，利于启动。

四、发动机冷却系

前面所述，在可燃混合气的燃烧做功过程中，气缸内气体温度可高达 2000K 以上，直接与高温气体接触的机件（如气缸体、气缸盖、活塞、气门等）若不及时加以冷却，则运动机件可能因受热膨胀而破坏正常间隙，或因润滑油在高温下失效而卡死，各机件也可能因高温而导致机械强度降低甚至损坏。为保证发动机正常工作，必须对这些在高温条件下工作的机件加以冷却。因此，冷却系的任务就是使工作中的发动机得到适度的冷却，从而保持在最适宜的温度范围内工作。

根据冷却介质的不同，冷却系分为风冷系和水冷系。发动机中使高温零件的热量直接散入大气而进行冷却的一系列装置称为风冷系；使热量先传导给水，然后再散入大气而进行冷却的一系列装置则称为水冷系。目前车用发动机上广泛采用的是水冷系。采用水冷系时，应使气缸盖内的冷却水温度在 80～90℃ 之间。

1. 水冷系的组成

水冷系中分为自然循环式水冷系和强制循环式水冷系。前者利用水的自然对流实现循环冷却，因冷却强度小，只有少数小排量的发动机在使用。后者是用水泵强制地使水（或冷却液）在冷却系中进行循环流动，因其冷却强度大，得到广泛使用（图 6-12）。

发动机水冷系由百叶窗、风扇、水泵、分水管、节温器、水温表等组成。

2. 散热器

散热器又称水箱，其功用是将冷却水中的热量散发到大气中。散热器包括上水室、散热管、散热片、下水室、水箱盖、放水开关等。

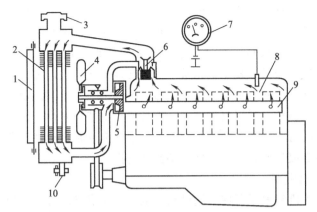

图 6-12　发动机强制循环式水冷系示意

1—百叶窗；2—散热器；3—散热器盖；4—风扇；5—水泵；

6—节温器；7—水温表；8—水套；9—分水管；10—放水阀

3. 水泵

水泵的功用是对冷却水加压，使其在冷却系中加速流动循环。目前，离心式水泵被广泛采用。

4. 节温器

发动机冷却水的温度过高或过低都会给发动机的工作带来危害。节温器的功用是保证发动机始终保持在适当的温度下工作，并能自动地调节冷却强度。目前，广泛采用折叠式双阀门节温器，安装在气缸盖的出水管口。

5. 防冻液

防冻液的作用是在冬季防止冷却水冻结而使气缸体和气缸盖被冻裂。可在冷却水中加进适量的乙二醇或酒精，配成防冻液。

使用防冻液时必须注意以下事项：乙二醇有毒，在配制时或添加时，应注意不要吸入人体内；防冻液的热膨胀系数大于水，故在加入时，不要加满，防止工作时溢出；发现数量不足时，可加水调节数量和浓度。一般可使用 3 年左右。

五、发动机润滑系

发动机工作时，运动零件的相对运动表面（如曲轴与主轴承、活塞与气缸壁等）之间必然产生摩擦。金属表面之间的摩擦不仅会增大发动机内部的功率消耗，使零件工作表面迅速磨损，而且由于摩擦产生的大量热量可能导致零件表面烧损，致使发动机无法运转。因此，为保证发动机正常工作，必须对运动表面加以润滑，也就是在摩擦表面上覆盖一层润滑油，形成油膜，以减小摩擦阻力，降低功率损耗，减轻机件磨损，延长发动机使用寿命。发动机的润滑是由润滑系来实现的。润滑系的基本任务就是将机油不断地供给各零件摩擦表面，减少零件的摩擦和磨损。

1. 润滑剂

发动机润滑系所用的润滑剂有机油和润滑脂两种。机油品位应根据季节气温的变化来选择。因为机油的黏度是随温度变化而变化的。温度高则黏度小，温度低则黏度大。因此夏季要用黏度较大的机油，否则将因机油过稀而不能使发动机得到可靠的润滑。冬季气温低要用黏度较小的机油，否则因机油黏度过大，流动性差而不能在零件摩擦表面形成油膜。

国产机油按黏度大小编号，号数大黏度大。汽油机用机油分为6D、6、10和15号四类。其中，冬季使用6号和10号，夏季使用10号或15号，6D是低凝固点机油，适用于我国北方严寒地区使用。柴油机用机油分为8、11、14号三类。其中冬季使用8号，夏季使用14号，装巴氏合金轴承的柴油机可全年使用11号。

发动机所用润滑脂，常用的有钙基润滑脂、铝基润滑脂、钙钠基润滑脂及合成钙基润滑脂等。选用时也要考虑冬、夏季不同气温的工作条件和特点。

2. 润滑系的组成

发动机的润滑油是通过机油泵产生一定压力后，经过油道输送到各摩擦表面上进行润滑的，这种润滑方式称为压力润滑，如主轴瓦、凸轮轴瓦、气门摇臂的润滑等。利用曲轴连杆运动时将润滑油飞溅或喷溅起来的油滴和油雾润滑没有油道的零件表面，这种润滑方式称为飞溅润滑，如连杆小头与活塞销、活塞与气缸壁的润滑等。所以，发动机的润滑又称为复合式润滑。

润滑系由集滤器、机油泵、机油滤清器、限压阀等组成。柴油机润滑系统油路如图 6-13 所示。

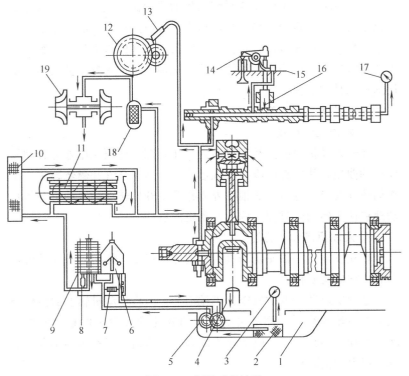

图 6-13　润滑系统油路

1—油底壳；2—粗滤网；3—油温表；4—加油口；5—机油泵；6—离心式精滤器；
7—调压阀；8—旁通阀；9—机油粗滤器；10—风冷式机油冷却器；11—水冷
式机油冷却器；12—传动齿轮；13—喷油塞；14—摇臂；15—气缸盖；
16—推杆套筒；17—油压表；18—网格式机油滤清器；19—涡轮增压器

机油泵的作用是将机油提高到一定压力后，强制地压送到发动机各零件的运动表面。齿轮油泵因其工作可靠、结构简单，得到了广泛的应用。

机油滤清器的作用是在机油进入各摩擦表面之前，将机油中所夹带的杂质清除掉。为使机油滤清效果良好，而又不使机油阻力增大，所以在发动机润滑系中采用了多级滤清，即经过集滤器→粗滤器→细滤器。

限压阀的作用是使润滑系统内机油压力保持在一个适当的数值上以使发动机稳定地工作。机油压力过高或过低都将给发动机的工作带来危害。油压过高，将使气缸壁与活塞间的机油过多，容易窜入燃烧室形成大量积炭；油压过低，机油不易进入各摩擦表面，从而加速机件的磨损。

六、发动机启动系

1. 发动机的启动

要使发动机由静止状态过渡到工作状态，必须先用外力转动发动机的曲轴，使气缸内吸入（或形成）可燃混合气并燃烧膨胀，工作循环才能自动进行。曲轴在外力作用下开始转动到发动机开始自动地怠速运转的全过程，称为发动机的启动。

2. 发动机启动的方法

转动发动机曲轴使发动机启动的方法很多。常用的有电动机启动和手摇启动两种。

电动机启动是电动机作为机械动力，当将电动机轴上的齿轮与发动机飞轮周缘的齿圈啮合时，动力就传到飞轮和曲轴，使之旋转。电动机本身又用蓄电池作为能源。目前绝大多数机动车发动机都采用电动机启动。

手摇启动最为简单。只需将启动手摇柄端头的横销嵌入发动机曲轴前端的启动爪内，以人力转动曲轴。这种方法显然加重了驾驶人员的劳动，操作不便。故目前仅在中、小功率汽油机的车辆上还备有启动手摇柄作为后备启动装置，以及在检修、调整发动机时使曲轴转过一定角度。

发动机在严寒季节启动困难，这是因为机油黏度增高，启动阻力矩增大，蓄电池工作能力降低，以及燃料汽化性能变坏的缘故。为了便于启动，在冬季应设法将进气、润滑油和冷却水预热。柴油机冬季启动困难更大，为了能在低温下迅速可靠地启动，常采用一些用以改善燃料的着火条件和降低启动转矩的启动辅助装置，如电热塞、进气预热器（预热塞）、预热锅炉和启动喷射装置以及减压装置等。

3. 启动机

启动机一般由直流电动机、操纵机构和离合机构三部分组成。

汽油机所用的启动机的功率一般在 1.5kW 以下，电压一般为 12V。柴油机所用的启动机功率较大（可达 5kW 或更大），为使电枢电流不致过大，其电压一般采用 24V。

机动车上使用的启动机按其操纵方式不同，有直接操纵式和电磁操纵式（远距离操纵式）两种操纵机构。直接操纵式是由驾驶员通过启动踏板和杠杆机构直接操纵启动开关并使传动齿轮副进入啮合。电磁操纵式是由驾驶员通过启动开关（或按钮）操纵继电器（电池开关），而由继电器操纵启动机电磁开关和齿轮副或通过启动开关直接操纵启动机电磁开关和齿轮副。

启动机应该只在启动时才与发动机曲轴相连，而当发动机开始工作之后，启动机应立即与曲轴分离。否则，随着发动机转速的升高，将使启动机大大超速，产生很大的离心力，而使启动机损坏。因此，启动机中装有离合机构。在启动时，它保证启动机的动力能通过飞轮传递给曲轴；启动完毕，发动机开始工作时，立即切断动力传递路线，使发动机不可能反过来通过飞轮驱动启动机以高速旋转。常用的启动机离合机构有滚柱式、弹簧式、摩擦片式等多种形式。

第七章 液压系统

第一节 概 述

挖掘机的液压系统是按照挖掘机工作装置和各个机构的传动要求，把各种液压元件用管路有机地连接起来的组合体。其功能是，以油液为工作介质，利用液压泵将发动机的机械能转变为液压能并进行传送，然后通过液压缸和液压马达等，将液压能再转换为机械能，实现挖掘机的各种动作。用液体作为工作介质来传递能量和进行控制的传动方式称为液压传动。

一、液压传动的工作原理

液压泵由电动机驱动旋转，从油箱中吸油。油液经过滤器进入液压泵，当它从液压泵输入到压力管后，通过变换开停阀、节流阀、换向阀的阀芯位置，控制油液进入液压缸，实现活塞的运动、停止和移动速度的变化。图 7-1 所示为开停阀、换向阀处于初始位置，节流阀处于关闭状态，压力管中的油液将经溢流阀和回油管排回油箱，不输送到液压缸中去，活塞呈停止状态。

换向阀和开停阀手柄左移，节流阀打开，压力管中的油液经过开停阀、节流阀和换向阀进入液压缸的右腔，推动活塞左移，并使液压缸左腔的油液经换向阀和回油管排回到油箱。当开停阀手柄左移、换向阀右移后，压力管中的油液将经过开停阀、节流阀和换向阀进入液压缸的左腔，推动活塞向右移动，并使液压缸右腔的油液经换向阀和回油管排回到油箱。

由此可见，液压传动是以液体作为工作介质来进行工作的。一个完整的液压传动系统应由以下几部分组成。

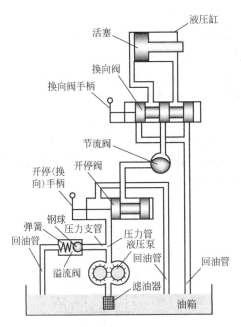

图 7-1　液压传动工作原理图

1. 能源装置

能源装置又称动力元件，是把机械能转化成液体压力能的装置，常见的是液压泵。

2. 执行装置

执行装置又称执行元件，是把液体压力能转化成机械能的装置，常见的形式是液压缸和液压马达。

3. 控制调节装置

控制调节装置又称控制元件，是对液体的压力、流量和流动方向进行控制和调节的装置。这类元件主要包括各种控制阀或由各种阀构成的组合装置。这些元件的不同组合，组成了具有不同功能的液压系统。

4. 辅助装置

辅助装置又称辅助元件，指以上三种装置以外的其他装置，如各种管接件、油管、油箱、过滤器、蓄能器、压力表等，起连接、输油、储油、过滤、储存压力能和测量等作用。

5. 传动介质

传动介质是能传递能量的液体，如各种液压油、乳化液等。

二、液压传动系统的表达符号

图 7-1 所示的液压系统图是一种半结构式的工作原理图。它直观性强，容易理解，但较难绘制。在实际工作中，除少数特殊情况外，一般都采用国标 GB/T 786.1—93 所规定的液压与气动图形符号绘制，如图 7-2 所示。

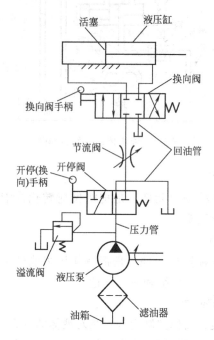

图 7-2　用液压图形符号表示传动系统

图形符号只表示元件的功能，不表示元件的具体结构和参数；只反映各元件在油路连接上的相互关系，不反映其空间安装位置；只反映静止位置或初始位置的工作状态，不反映其工作过程。故使用图形符号既可便于绘制，又可使液压系统简单明了。常用的液压元件图形符号如图 7-3 所示。

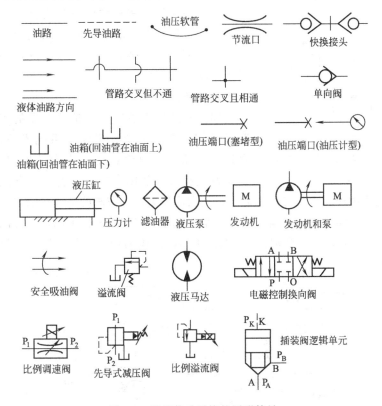

图 7-3　液压传动系统的图形符号

第二节　液压系统基本回路

液压挖掘机的液压系统涉及的各种功能回路都是由一些基本回路和辅助回路组成的，包括限压回路、卸荷回路、减压回路、增压回路、保压回路、换向控制回路、平衡回路、速度控制回路、顺序运动回路等。

一、限压回路

限压回路是指系统整体或某一部分的压力保持恒定数值的回路。当把限压回路中的溢流阀换为比例溢流阀时，这种限压回路称为比例调压回路，它通过比例溢流阀的输入电流来实现回路无级调压（图7-4）。

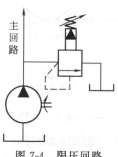

图7-4　限压回路

二、卸荷回路

卸荷回路是指液压泵在接近零压的工况下运转，以减少功率损失和系统发热，是延长液压泵和电动机使用寿命的回路。卸荷方式很多：如图7-5（a）所示，利用电磁溢流阀中的二位二通电磁换向阀得电，溢流阀的远程控制口接油箱，溢流阀打开溢流，液压泵在低压（接近零压）下卸荷；如图7-5（b）所示，利用三位四通M形换向阀的中位机能，使液压泵卸荷。

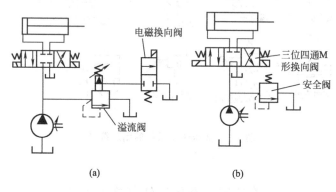

(a)　　　　　　　　　　　(b)

图7-5　卸荷回路

三、减压回路

减压回路是指系统中某一部分具有较低的稳定压力的回路，如图7-6所示。液压缸1的工作压力比液压缸2的工作压力高，为使液压缸2能够正常工作，在回路中并联了一个减压阀，使液压缸2

得到一稳定的、比液压缸1压力低的压力。为使减压回路工作可靠，减压阀的最低调整压力不应低于 0.5MPa，最高调整压力至少比系统压力低 0.5MPa。当减压回路中的执行元件需要调速时，调速元件应放在减压阀的后面，以免因减压阀的泄漏影响调速。在回路中单向阀的作用是，当液压缸1的压力小于减压阀调定的压力时，阻止

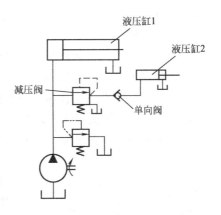

图 7-6 减压回路

液压缸2的压力油液倒流，以保持减压阀的调整压力。

四、增压回路

增压回路是指系统中某一部分具有较高的稳定压力，它能使系统中的局部压力远高于液压系统压力的回路，如图 7-7 所示。在液压系统增压回路中，压力为 P_1 的油液进入增压缸的大活塞腔，这时在小活塞腔则可得到压力为 P_2 的高压油液，增压的倍数是大小

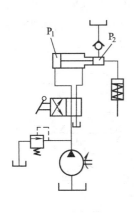

图 7-7 增压回路

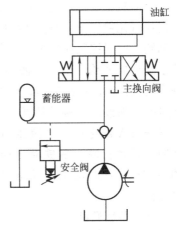

图 7-8 蓄能器保压回路

活塞的工作面积之比。

五、保压回路

保压回路是指执行元件在工作循环的某一阶段内，需要保持一定压力时采用的回路。保压回路根据不同回路中使用的元件不同，分为蓄能器保压、液压泵保压和液控单向阀保压等。

图 7-8 所示为蓄能器保压。在夹紧液压缸工作回路中，主换向阀左位工作回路时，液压缸向右移动进行夹紧工作，当压力升至先导式外控顺序阀调定值时，液压泵卸荷，液压缸由液压蓄能器保压。

图 7-9 所示为液压泵保压，当系统压力较低时，低压大流量液压泵 1 和高压小流量液压泵 2 同时向系统供油。当系统压力升高到卸荷阀外控内泄顺序阀的调定压力时，低压液压泵卸荷，高压液压泵起保压作用，溢流阀用于调定系统压力。

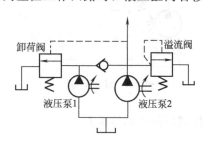

图 7-9　液压泵保压回路

六、换向控制回路

换向控制回路是利用各种方向阀来控制流体的通断和变向，以便使执行元件启动、停止和换向的回路。按控制方式分为液压缸换向回路、时间控制换向回路、行程控制换向回路。图 7-10 所示为液压缸换向回路，由三位四通 M 形电磁换向阀控制液压缸换向，电磁铁 YA 通电时，油液压力推动活塞向右运动；电磁铁 YA 断电时，油液压力推动活塞向左运动；两个磁铁断电时，换向阀在中位，这时活塞停止运动，液压泵卸荷。

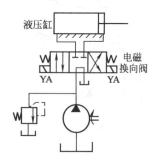

七、平衡回路

平衡回路是为防止垂直设置的液

图 7-10　液压缸换向回路

压缸及其工作部件因自重自行下落或在下行运动中因自重造成的失控、失速而设的回路。平衡回路通常用平衡阀（单向顺序阀）或液控单向阀来实现平衡控制。

图 7-11 所示为由平衡阀（单向顺序阀）组成的平衡回路，在液压缸的下腔油路上加设一个平衡阀（单向顺序阀），使液压缸下腔形成一个与液压缸运动部分重量相平衡的压力，可防止其因自重下降。

图 7-12 所示为由液控单向阀组成的平衡回路，当换向阀右位工作时，液压缸下腔进油，活塞上升至终点；当换向阀处于中位时，液压泵部分卸荷，活塞停止运动；当换向阀左位工作时，液压缸上腔进油，液压缸下腔的回油由节流阀限速，由液控单向阀锁紧；当液压缸上腔压力足以打开液控单向阀时，活塞才能下行。

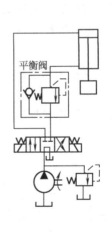

图 7-11 单向顺序阀
组成的平衡回路

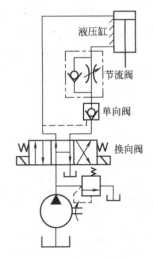

图 7-12 液控单向阀组成的平衡回路

八、速度控制回路

速度控制回路是控制液压系统中执行元件运动速度的回路，包括调速回路、快速回路和速度换接回路。调速回路按改变流量的方法不同可分为三类，即节流调速回路、容积调速回路和容积节流调速回路，如图 7-13 所示。

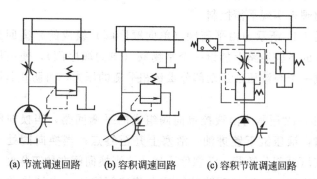

(a) 节流调速回路　　(b) 容积调速回路　　(c) 容积节流调速回路

图 7-13　速度控制回路

节流调速回路是由定量泵和流量阀组成的调速回路，它可以通过调节流量阀通流截面积的大小来控制流入或流出执行元件的流量，以此来调节执行元件的运动速度。

容积调速回路通过改变变量泵或变量马达的排量来调节执行元件的运动速度。

容积节流调速回路采用压力补偿变量泵供油，用流量控制阀调整流入或流出执行元件的流量来调节其运动速度。

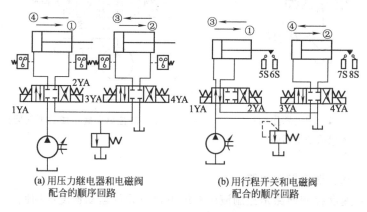

(a) 用压力继电器和电磁阀　　　　　(b) 用行程开关和电磁阀
　　配合的顺序回路　　　　　　　　　配合的顺序回路

图 7-14　顺序运动回路

九、顺序运动回路

顺序运动回路是使执行元件严格地按给定顺序运动的回路，如图 7-14 所示。按控制方式分为压力控制顺序运动回路、行程控制顺序运动回路。

第三节　主要液压系统及功能

单斗液压挖掘机的工作过程包括下列几个非连续性的运动：动臂升降、斗杆收放、铲斗转动、转台回转、整机行走和其他辅助运动，如图 7-15 所示。通过动臂、斗杆、铲斗和转台的运动，可实现挖掘作业。液压挖掘机的一个作业循环如图 7-16 所示。另外，通过整机行走可以改变停机点。液压挖掘机的辅助动作主要有支腿收放、车辆转向等。

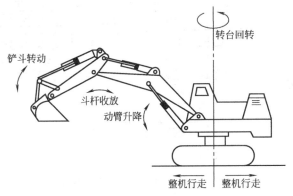

图 7-15　单斗液压挖掘机的工作过程

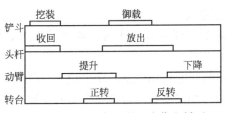

图 7-16　液压挖掘机的一个作业循环

液压挖掘机的各种运动,是靠液压挖掘机液压系统中的动臂液压回路、铲斗液压回路、斗杆液压回路、回转马达液压回路、行走马达液压回路来完成的。下面以小松山推生产的 PC200-7 型挖掘机的液压系统为例,分析其实现各种运动的液压回路。

从图 7-17 可以看出,挖掘机的液压系统的工作过程主要由发动机带动主泵产生压力油,通过自减压阀在操纵杆的控制下,压力油进入主控制阀控制,然后控制动臂升降、斗杆收放、铲斗运动、转台回转和整机行走。整个液压系统分为六大部分,即先导控制系统、主泵系统、主阀、中心回转接头、回转马达和终传动。

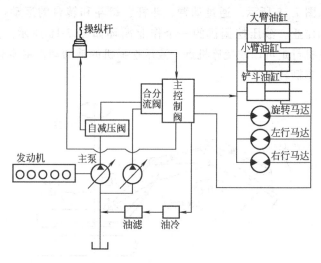

图 7-17　PC200-7 型液压系统框图

一、液压挖掘机液压系统中使用的液压元件及作用

1. 先导控制系统

先导控制系统主要由自减压阀、蓄能器、PPC 阀和安全锁定杆组成。

(1) 自减压阀　它利用主泵的输出油流,将其降压后作为控制压力。自减压阀与相关部件关系及在车上的位置如图 7-18 所示。

(2) 蓄能器　它是用来储存控制油路压力,保持控制油路压力

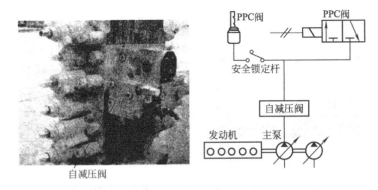

图 7-18 自减压阀与相关部件关系及在车上的位置

的稳定，以及当发动机熄火后，仍可放下工作装置，以保证机器安全。蓄能器与相关部件关系及在车上的位置如图7-19所示。

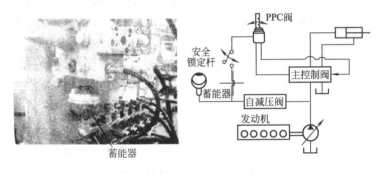

图 7-19 蓄能器与相关部件关系及在车上的位置

（3）PPC阀 它是一种比例压力控制阀，安装在挖掘机驾驶室内操作手柄的下面，可以根据驾驶员操作手柄行程大小，输出相应的控制油压，使主控制阀芯有相应的移动量，从而控制工作装置的速度。PPC阀与相关部件关系及在车上的位置如图7-20所示。

（4）安全锁定杆 它是安装在驾驶室内的一个简单的机械开关，用来控制低压油路和驾驶室内三组PPC阀（比例压力控制阀，即左、右操纵手柄和行走推拉杆）之间的通与断。

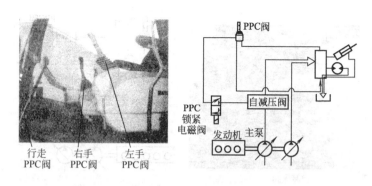

图 7-20　PPC 阀与相关部件关系及在车上的位置

2. 主泵系统

主泵系统主要是由主泵和主泵流量控制阀组成。

（1）主泵　将从发动机传来的机械能转换为液压能，为液压系统提供一定流量的压力油，驱动液压油缸和液压马达，是整个液压系统的动力源。主泵与相关部件的关系如图 7-21 所示。主泵的型号为 HPV95＋95，其中 H 表示液压型，P 表示柱塞型，V 表示可变流量型，95＋95 表示每个泵每转 95mL 排量，共 2 个泵。

（2）主泵流量控制阀

① LS 阀　感知驾驶员操纵杆行程大小，给泵以相应的信号，以调节合适的流量。操纵杆的动作可改变主控制阀内部阀芯的移动。主控制阀的移动产生 PLS 压力（代表阀芯的移动量）。PLS 压力

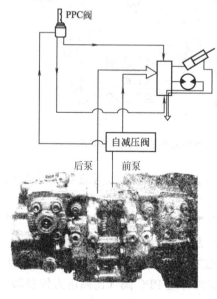

图 7-21　主泵与相关部件的关系

反馈给主泵的 LS 阀,进而根据操纵杆的移动量多少通过 LS 阀改变主泵的排量。LS 阀与相关部件之间的关系如图 7-22 所示。

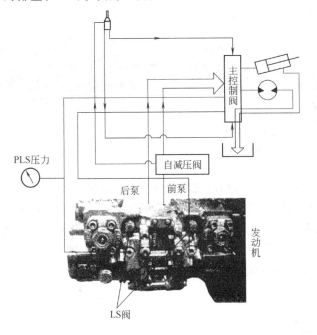

图 7-22　LS 阀与相关部件之间的关系

② LS-EPS 电磁阀　驾驶员通过监控器发出操作指令,此指令传给电脑,再由电脑发出指令给 LS-EPS 电磁阀,产生控制信号,参与 LS 阀的工作,这样能更精确地控制主泵流量。LS-EPS 电磁阀在车上的位置如图 7-23 所示。

③ PC 阀　当挖掘的负载(土质、挖掘量)变化时,挖掘机的工作压力也会随之变化。PC 阀能感知此压力的变化。根据泵功率与发动机功率最佳匹配原则,调节相应的泵排量,从而达到提高生产率的目的。PC 阀在车上的位置如图 7-24 所示。

④ PC-EPC 电磁阀　主要是感知发动机实际转速状态,给予相应的信号调节泵流量。工况发生变化,发动机的转速也随之发生

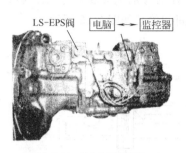

图 7-23　LS-EPS 电磁
阀在车上的位置

图 7-24　PC 阀在车上的位置

变化，此时与发动机相匹配的泵流量也会相应变化。发动机的转速变化，通过安装在发动机飞轮壳上的转速传感器传给电脑，然后电脑发出泵流量变化指令，PC-EPC 电磁阀便接受此指令。通过 PC 阀适当调节泵流量，以对应发动机转速的变化。PC-EPC 阀与相关部件的关系及在车上的位置如图 7-25 所示。

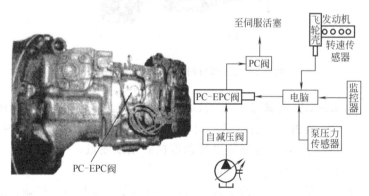

图 7-25　PC-EPC 阀与相关部件的关系及在车上的位置

3. 主阀

主阀由主控制阀、主溢流阀、卸荷阀、安全吸油阀、斗杆再生回路、动臂再生回路、LS 压力、LS 旁通阀、压力补偿阀、合流/分流阀、动臂保持阀、行走连接阀等组成。

（1）主控制阀　受PPC阀产生的PPC油压作用，控制从主泵到各油缸、马达的液压油的流向及流量，同时各油缸、马达中的油需通过该阀返回油箱。主控制阀由六联阀（整体）、备用阀组成。主控制阀的六联阀主要由各控制主阀芯、泵合分流阀、背压阀、动臂保持阀、主溢流阀、卸荷阀、安全吸油阀、吸油阀、压力补偿阀、LS梭阀、LS选择阀、LS旁通阀组成。主控制阀与相关部件之间的关系及在车上的位置如图7-26所示。

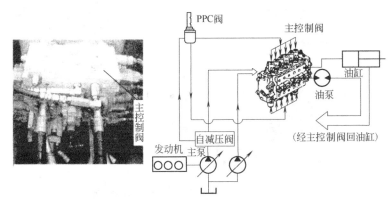

图 7-26　主控制阀与相关部件之间的关系及在车上的位置

（2）主溢流阀　安装在主控制阀的上、下两端，上、下各一个。该阀设定整个液压系统工作时的最高压力。当系统压力超过主溢流阀设定的压力时，主溢流阀打开，将液压油溢流排回油箱，以保护整个液压系统。主溢流阀在车上的位置如图7-27所示。

（3）卸荷阀　安装在主控制阀的上、下两端，上、下各一个。该阀的设定压力值为在所有操作杆均处于中位时，整个液压

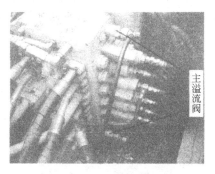

图 7-27　主溢流阀在车上的位置

系统的最高压力。此时主泵打出的油通过卸荷阀返回油箱。正常工作时，该阀处于关闭状态。卸荷阀在车上的位置及工作原理如图7-28所示。卸荷阀正常工作时，PLS压力（负荷传感压力）始终略小于主泵压力 P_0，加上阀芯处弹簧的弹力，与 P_0 保持平衡，卸荷阀关闭；手柄处于中位时，PLS压力为零时，在主泵压力 P_0 作用下打开阀芯，主泵压力油液流回油箱卸荷。

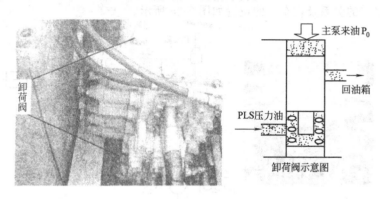

图 7-28　卸荷阀在车上的位置及工作原理

（4）安全吸油阀　又称单向溢流阀。安全吸油阀安装在液压装置（油缸、马达）的各个分支路上。其主要作用如下。

① 当工作装置受到外界异常的冲击时，油缸将产生异常高压，安全吸油阀打开，将异常高压油卸回油箱。在此情况下，该阀起安

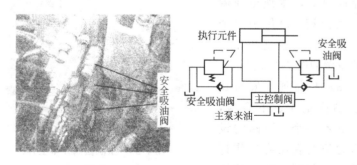

图 7-29　安全吸油阀在车上的位置及工作原理

全作用，以保护相关的液压油缸和液压油管。

② 当油缸内产生负压时，该阀便起吸油阀的作用，将液压油从油箱管路中补充到负压区，以免形成真空产生汽蚀。安全吸油阀在车上的位置及工作原理如图 7-29 所示。

（5）LS 梭阀　将由挖掘机闭式负荷系统控制产生的负载压力油 PLS（负荷传感压力）进行比较，最后只取最大的 PLS 作业系统的工作油压，作用于主泵、压力补偿阀和卸荷阀上。LS 梭阀在车上的位置如图 7-30 所示。

（6）LS 选择阀　安装在回转 PLS 油压输出的通道上，在两 LS 梭阀中间，它可在回转与动臂举升的同时动作，防止回转产生较高的 PLS 油压进入系统的 LS 回路，造成动臂举升慢，确保提升复合动作的协调性。LS 选择阀在车上的位置如图 7-31 所示。

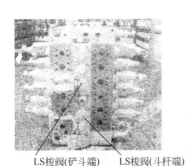

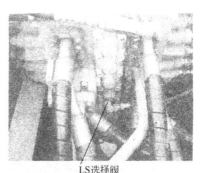

LS梭阀(铲斗端)　LS梭阀(斗杆端)

LS选择阀

图 7-30　LS 梭阀在车上的位置　　图 7-31　LS 选择阀在车上的位置

（7）LS 旁通阀　通过该阀内的两个节流孔微量泄掉 LS 回路中的一些压力变化而造成流量的急剧变化，增加操作的柔和性，增强执行器的动态稳定性。LS 旁通阀在车上的位置如图 7-32 所示。

（8）压力补偿阀　根据负载自行调节，使流量大小变化只受节流口开度的影响，而不受负载变化的影响，即挖掘机的负载发生变化时，作业装置的速度不变。在 OLSS 系统（开式负荷传感系统）

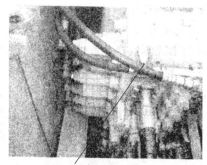

LS旁通阀

图 7-32 LS 旁通阀在车上的位置

中，因没有压力补偿阀，当两执行器同时动作时，需要不断地调整操作手柄，以适应不断变化的执行负荷，确保两个执行器动作的协调性，而在 CLSS 系统（闭式负荷传感系统）中可防止 PLS 油压急剧变化，这是因为有压力补偿阀，可不考虑外界执行器负荷的不断变化，只需设定两个操作手柄的相对行程，即可确保多个执行器同时动作的协调性。压力补偿阀在车上的位置如图 7-33 所示。

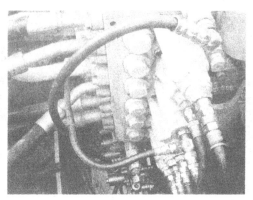

图 7-33 压力补偿阀在车上的位置
注：压力补偿阀共 12 个，主控制阀两侧各 6 个。

（9）合流/分流阀 根据作业的需要，由泵控制器自动把前泵和后泵排出的压力油进行合流或分流（分别送到各自的控制阀组），同时也对 LS 控制回路压力油进行合流或分流。合流/分流阀与相关部件的关系及在车上的位置如图 7-34 所示。

（10）动臂保持阀 安装在主控制阀上至动臂油缸缸底的油口

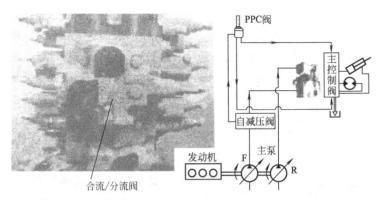

合流/分流阀

图 7-34　合流/分流阀与相关部件之间的关系及在车上的位置

处。当动臂操纵杆处于中位时，防止动臂油缸缸底的油在自重作用下，经动臂主阀芯返回油箱，从而防止动臂自然下降。动臂保持阀与相关部件之间的关系及在车上的位置如图 7-35 所示。

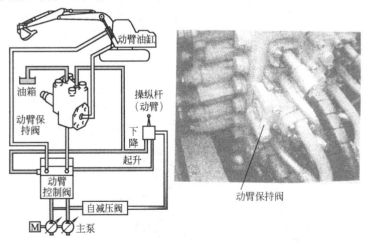

动臂保持阀

图 7-35　动臂保持阀与相关部件之间的关系及在车上的位置

（11）行走连接阀　安装在合/分流阀块内。主要作用是改善机器的直线行走性能及爬坡性能。

（12）斗杆再生回路　在斗杆收进回路上设置的再生回路。斗

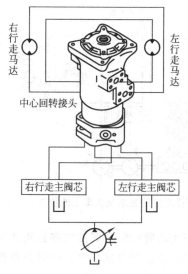

图 7-36　中心回转接头

杆下降时，由于重力的作用，斗杆油缸顶端的压力大于油缸底端的压力，通过此再生回路，可将油缸顶端的部分压力油与泵输出的压力油同时供给油缸底端，可加快斗杆下降速度，提高工作效率。

（13）动臂再生回路　在动臂下降回路上设置的再生回路。其作用与斗杆再生回路类似。

4.中心回转接头

位于上部车体的主泵向位于车体下部的行走马达送油时，由于上、下车体会作相对回转，会使液压软管扭曲，为防止此类事情发生，中心回转接头安装在车体的中心，如图7-36所示。

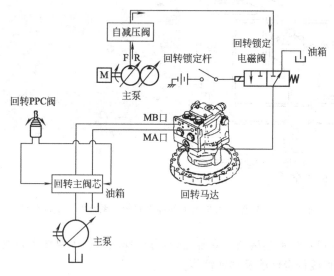

图 7-37　回转马达

5. 回转马达

回转马达是利用液压马达和行星轮减速机构驱动上部车体作回转运动的装置，如图7-37所示。

6. 终传动

终传动由行走马达和减速器组成。安装在挖掘机的左、右驱动轮上，驱动履带使挖掘机前进、后退和转弯，如图7-38所示。

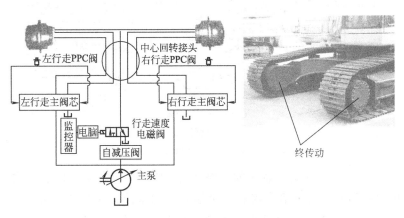

图 7-38 终传动

二、液压挖掘机液压系统主要回路的工作原理

1. 动臂液压回路

动臂液压回路主要由主回路、控制回路组成，如图7-39所示。

（1）主回路 见图7-39中的粗实线及相关的部件。高压油经主泵输出后经主控制阀到达动臂油缸，使动臂产生运动。

（2）控制回路 由PPC回路、泵控制回路、安全回路、电控回路等组成。

① PPC回路 由动臂PPC阀及自减压阀组成。PPC回路压力油通过主泵和自减压阀获得，经动臂PPC阀分配到动臂主阀两端，从而控制主阀的开度，对动臂的移动速度形成控制。

② 泵控制回路 由PC阀、LS-EPS电磁阀、PC-EPC电磁阀、伺服活塞及泵内的机械机构组成。外部输入的信号有驾驶员操作量

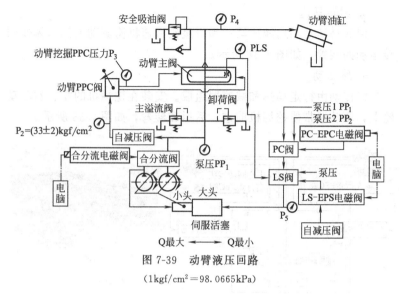

图 7-39 动臂液压回路

(1kgf/cm² = 98.0665kPa)

的 PLS 压力、反映外载荷的主泵压力 PP_1、PP_2 和反映作业方式的电脑信号。输出信号仅有一个输入到伺服油缸大腔的压力 P_5。P_2 直接移动伺服活塞从而控制泵的流量。压力 P_5 的大小取决于 PLS 压力及 PP_1 和 PP_2 两压力。

③ 安全回路 由主溢流阀、卸荷阀和安全吸油阀组成。当主泵油压超出安全压力时，主溢流阀打开，防止液压系统的油管、泵、油缸和控制阀损坏。操纵杆处于中位时，泵输出的油经卸荷阀回油箱，以减少能源消耗。安全吸油阀是当动臂油缸在遇到突然外力冲击时，油缸内的高压油经安全吸油阀卸压到油箱，以防油缸、油管损坏。

④ 主电控回路、合分流回路 主要根据作业需要、驾驶员给出的作业方式和操作杆作业情况，由电脑自动给出泵分流/合流指令，对泵进行分流或合流。LS-EPS 电磁阀、PC-EPC 电磁阀的输入电流，也是根据作业方式由电脑给出的指令控制的。

2. 铲斗液压回路

铲斗液压回路主要由主回路、控制回路组成，如图 7-40 所示，

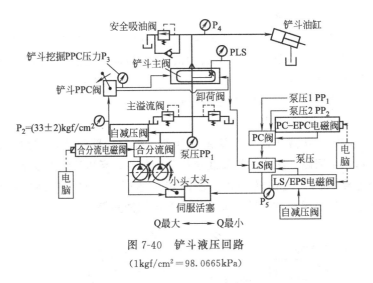

图 7-40　铲斗液压回路

（1kgf/cm² = 98.0665kPa）

主回路见图中的粗实线及相关的部件。高压油经主泵输出后经主控制阀到达铲斗油缸，使铲斗产生运动。控制回路由 PPC 回路、泵控制回路、安全回路和电控回路等组成。

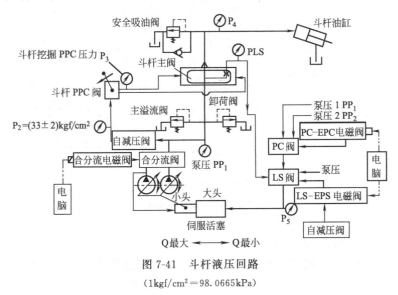

图 7-41　斗杆液压回路

（1kgf/cm² = 98.0665kPa）

3. 斗杆液压回路

斗杆液压回路主要由主回路、控制回路组成，如图 7-41 所示，主回路见图中的粗实线及相关的部件。高压油经主泵输出后经主控制阀到达斗杆油缸，使斗杆产生运动。控制回路由 PPC 回路、泵控制回路、安全回路和电控回路等组成。

4. 回转马达液压回路

回转马达液压回路主要由主回路、控制回路组成，如图 7-42 所示，主回路见图中的粗实线及相关的部件。高压油经主泵输出后经主控制阀到达回转马达，使回转马达产生运动。控制回路由 PPC 回路、泵控制回路、安全回路和电控回路等组成。

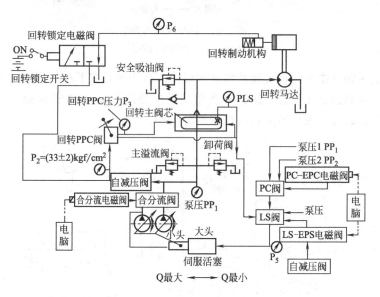

图 7-42　回转马达液压回路

($1kgf/cm^2 = 98.0665kPa$)

5. 行走马达液压回路

行走马达液压回路要由主回路、控制回路组成，如图 7-43 所示，主回路见图中的粗实线及相关的部件。高压油经主泵输出后经

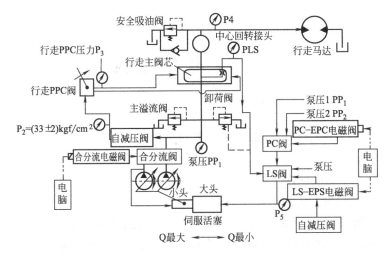

图 7-43　行走马达液压回路

(1kgf/cm² ＝ 98.0665kPa)

主控制阀到达行走马达，使行走马达产生运动。控制回路由 PPC
回路、泵控制回路、安全回路和电控回路等组成。

第八章 电气系统

第一节 基础知识

一、机电一体简介

1. 机电一体的概念

随着动力机械的发展，极大地减轻了人们的劳动强度。把必须由人来进行控制的部分，让机械来承担，这就是机电一体。

机电一体是机械与电子的复合词，是指把机械与电子组合在一起的电子机械装置。机电一体与以前用电来开动的机器有着根本的不同，这就在于它是利用电子技术进行高度的自动控制。也就是说，它内装有微型电子计算机（微处理器），能检测信息，能进行判断，并下达命令，动作都能自行处理，这种功能称为机电一体，它有别于电动机械。当然，判断信息的基础数据还是要事先由人来提供，维护也需要由人来进行。

建筑机械的机电一体化是从 20 世纪 60 年代中期逐渐开始实现的，特别是近年来各制造厂家都在积极地开展机电一体化的研究，但是，与车辆电子设备的发展比较，它还处于不够成熟的状态。

2. 机电一体的优点

人们能在轻松、安全、低成本条件下完成许多困难的工作。

（1）自动化 人在安全场所中尽可能地进行轻松的作业。机电一体可实现全自动运转、远距离操作。

（2）节约能源 以低燃料费而增加作业量可很好地获利，机电一体能够节约能源，实现大作业量。

（3）提高操作性 任何人都能像熟练者那样正确作业。

（4）提高安全性　由机器本身来遵守人与机器的统一。能够保证现场的安全、进行机器的管理。

二、电气理论

1. 电压、电流、电阻

水泵能够把水从水面吸往高处，再将吸上来的水落下并使水车转动。关于电的流动，与水的道理是一样的。泵具有压出水的力，这种力被称为水压，如图 8-1 所示。同样，把压出电的力称为电压，把相当于水流的电的流动称为电流。压出电流的一侧被称为正极，而受电的一侧被称为负极。挤压出泵里的水的力（电压），即使是相同的，但只要安装在水龙头上的管道细长，水量（电流）就会变少，因此说明它具有遮挡水流的阻力。在电的领域中，把阻断电流的力称为电阻。图 8-2 所示为用电阻限制电流，与水车转动所不同的是点亮了灯泡。此外，把通电的物质称为导体。

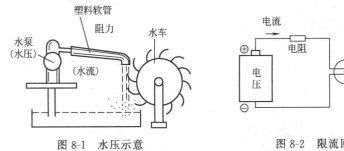

图 8-1　水压示意　　　　　　　图 8-2　限流回路

2. 单位和数值

电压的单位是 V（伏特），电流的单位是 A（安培），电阻的单位是 Ω（欧姆）。单位符号见表 8-1。

表 8-1　单位符号

名　称	量的符号	单位名称	单位符号	名　称	量的符号	单位名称	单位符号
电压	U 或 E	伏特	V	电阻	R	欧姆	Ω
电流	I	安培	A	功率	P	瓦特	W

为了表示电压、电流、电阻的大小，在单位的前面要加上数值，如 110V、10A、560Ω。另外，有时还在各自单位的前面写上 M、k 等字母。如 1MΩ、1kV。单位数值见表 8-2。

表 8-2　单位数值

字　母	叫　法	数　值	字　母	叫　法	数　值
G	吉	10^9	μ	微	10^{-6}
M	兆	10^6	n	纳	10^{-9}
k	千	10^3	p	皮	10^{-12}
m	毫	10^{-3}			

3. 欧姆定律

$$电压＝电流×电阻$$

即　　　　　　　　　　$$U＝IR$$

则　　　　　　　　$$I＝U/R \quad R＝U/I$$

根据这些公式，只要从 U、I、R 中决定任两项的值，另外一项的值就可通过计算而求得。

有些电阻如非线性电阻、热敏电阻等的电阻值随着电流的大小而发生变化，即使是普通的导体，视温度不同，电阻值也要发生变化。

4. 提供电压的物品

（1）干电池的种类　电子电路中却普遍使用直流电源。作为提供直流电压的物品，有电池、整流电源和稳定电源等。下面以干电池为例来加以说明。

如图 8-3 所示，干电池分为 1 号（UM1）、2 号（UM2）、3 号（UM3）、4 号（UM4）和 5 号（UM5），电压全部都是 1.5～1.6V，006P 干电池，

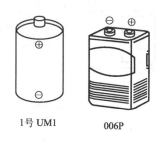

1号 UM1　　　　006P

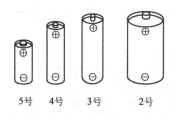

5号　4号　3号　　2号

图 8-3　干电池分类

电压为 9V，但消耗快、寿命短。

最近，各式各样的纽扣式电池和氢电池已在市面销售。

（2）新的干电池和旧的干电池　把新的干电池连接到小灯泡上，能使其发亮，而使用旧的干电池只能使灯泡发出微弱的暗光，这是由于电池的电压下降的缘故。一旦内部电阻增大，干电池中能输出的电流就会变小（图 8-4、表 8-3）。

实际的内阻（新电池）：1 号干电池为 0.2Ω；3 号干电池为 0.3Ω。

5. 干电池的连接

（1）串联连接　假如使用 1.5V 的干电池，想要输出更高的电压时，应串联连接干电池。干电池的串联连接就是把电池的正极连接到另一个干电池的负极上，如图 8-5所示。

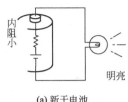

(a) 新干电池

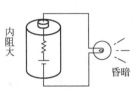

(b) 旧干电池

图 8-4　干电池工作回路

表 8-3　新、旧干电池对照

干电池	内部电阻	排出的电流	干电池	内部电阻	排出的电流
新	小	大	旧	大	小

（2）并联连接　例如想用电压 1.5V 的干电池输出较大的电流时，或想延长干电池的使用寿命时，就可以采取并联连接，如图 8-6 所示。

6. 干电池的检验方法

干电池的新旧用眼是看不出来的，要用万用表（电路检测器）进行检验，即在其直流电压的量程内测量电压。如果不行，则要使用蓄电池的检验量程，这是由于在干电池内有内阻，在万用表的直流电压量程中，只有微弱的电流流动，无论内阻的大小，有时仍会显示出干电池两端的电压接近 1.5V，如图 8-7所示。

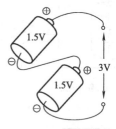

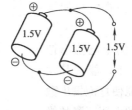

电池检验量程

图 8-5　串联连接　　　图 8-6　并联连接　　　图 8-7　干电池的检验方法

7. 蓄电池

蓄电池也称为二次电池，使用铅电池（一次电池是不能充电的干电池）。蓄电池由电池槽、极板、隔板、电池槽盖和电解液等组成。蓄电池通常使用以铅和二氧化铅物质为主体的极板，稀硫酸作为电解液的铅电池已得到广泛采用。

如图 8-8 所示，电池槽中被分隔成几个小室，在每个小室中交替放入阳极板和阴极板，并把同一室中的相同极板连接起来。这种极板越多越易蓄电。阳极板是在铅合金的格栅上涂过氧化铅，而阴极板则是在格栅上涂海绵状的铅。在极板与极板之间插入隔板。一个小室只放一块电池，称为单电池。单电池大约会产生 2.1V 的电压，所以将其串联连接即可得到所需的电压。

当把蓄电池正极和负极的接头连接到灯或电机上时，其阳极板

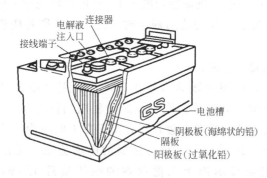

图 8-8　蓄电池结构

的过氧化铅、阴极的铅就会逐渐变化为硫酸铅。由此产生电，电就会流向灯泡或电机。极板是耗费电解液中的硫酸成分而发生变化的。随着极板变化的进行，电解液中的硫酸减少，取而代之的是水在增加，只要测定一下电解液的相对密度，就可以了解放电的状况（图8-9）。

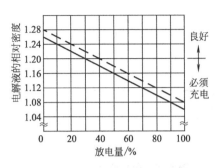

图 8-9　电解液的相对密度和放电量

　　在完全充电时，电解液的相对密度为 1.26 的蓄电池（实线），如果完全放电，那么其相对密度就变为 1.06，相对密度为 1.28 的蓄电池完全放电，相对密度则为 1.08（虚线）。在日本标准中，把完全充电的相对密度分为 1.28（寒冷地区用）、1.26（温带地区用）、1.24（热带地区用）三种。放电应不至损伤蓄电池。实际上，如果相对密度降到 1.20 时，就需要充电。上述的相对密度为 20℃时的值，其他情况下的相对密度应换算为 20℃ 的值。温度越低相对密度变化越大，每 1℃温度平均相差 0.0007。

　　8. 电阻产生的电压、电流的分离

　　（1）电压的分离　如果串联连接两个相同值的电阻（100Ω），两端加上 12V 的电压，根据欧姆定律，电流为 12V/200Ω ＝ 0.06A＝60mA（200Ω 是合成电阻值），如图 8-10 所示。因此，一个电阻消耗的电压为 0.06A×100Ω＝6V，即通过两个电阻按平均 6V 就能分离 12V 的总电压。

　　（2）电流的分离　如果并联连接两个同值的电阻（100Ω），两端加上 12V 的电压，那么在各自的电阻上就会有 12V 的电压产生作用，此时，电压并没有被分离，如图 8-11 所示。根据欧姆定律，12V/50Ω＝0.24A＝240mA（50Ω 是合成电阻值），即在进行分路之前，有 240mA 的电流通过。每个电阻的电流值为 12V/100Ω＝0.12A＝120mA，即 240mA 的电流被平均分离成 120mA。

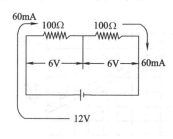

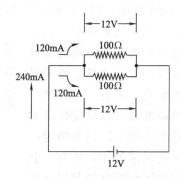

图 8-10　分压电路　　　　　　　　图 8-11　分流电路

三、计测仪器

1. 数字万用表

数字万用表各部分名称及功能如图 8-12 所示。

（1）测量准备

① 当把电源置于"ON"位置时，到液晶显示器显示出数字之前，等待片刻，显示出现时所有灯泡同时点亮。

② BT 标识灯亮时，内装电池已经消耗，请更换电池。

③ 把红色的试验导线连接在"V·Ω"端子、"μA·mA"端子、"20A"端子上，而把黑色的试验导线连接在"—COM"端子上。

（2）断开自动功率　在电源开关关闭后约 30min 左右，电源会被自动切断（但是，在已断开电源开关的状态下，在放置 3h 以上之后，再接通电源开关约 1h 左右，电源会被自动切断）。当要再次使用时，请先切断（OFF）电源开关，然后再次接通（ON）电源开关。在长时间保管不用的情况下，请将电源开关置于"OFF"位置。

（3）电压测定　把功能开关置于"V"的位置。使用"DC/AC"开关选择直流测定或是交流测定。采用交流测定时，显示器上会显示出"AC"标记。把试验导线连接到"—COM"端子和"V"端子上。在"DC200mV"量程中，试验导线呈开启状态，可显示任意的数值，而且，一旦外部感应大，就会进行过载警告（蜂鸣器声音等）。

（4）20A 量程测定　把功能开关置于"20A"的位置。使用

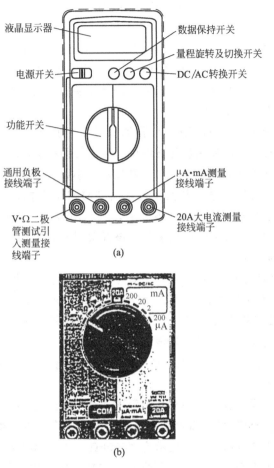

图 8-12 数字万用表

"DC/AC"开关来选择直流测定或是交流测定。采用交流测定时，显示器上会显示出"AC"标记。把试验导线连接到"－COM"端子和"20A"端子上。请参照"20A"端子的说明。

（5）200mA·20mA·2mA·200μA 量程测定　把功能开关固定在希望的电流测定量程上。用"DC/AC"开关来选择直流测定或是交流测定。采用交流测定时，显示器上会显示出"AC"标记。把试验导线连接在"－COM"端子和"μA·mA"端子上。请参照"电路保护保险丝"一项。在 $200μA$ 量程中，不会出现单位符号。

（6）DATA HOLD 数据保持开关　在想要保持显示值的情况下按此开关。在保持显示值时，显示器上会显示出"DH"标记。要解除时，再次按下此开关，或利用转换功能开关。此时，显示器上的"DH"标记消失。

（7）RANGE HOLD 和手动开关　在已按下"RANGE HOLD"开关时的使用量程被保持。在进行手动操作时，使用此开关。其操作方法是按下开关，边看显示（小数点、单位）边选择正确的量程。此时，显示器上会表示出"MANU"标记。在想要返回超量程动作时，连续按动该开关，或利用转换功能开关。此时，显示器上的"MANU"标记消失。该开关只在有复数量程的"V·Ω"测定时使用。

（8）电阻测定　把功能开关置于"Ω"的位置。把试验导线连接在"－COM"端子和"Ω"端子上。如果使试验导线短路，那么在 $200Ω$ 量程中会留下三个计数，请减去残留计数。在高电阻测定时，有时容易受到外部噪声的影响，数值会不稳定。此时，请屏蔽测定物。测定电压大约为 $0.43V$，因为比较低，所以可以采用不闭合电路测定。

（9）导通检验　把功能开关置于"◀"的位置。把试验导线连接在"－COM"端子和"◀"端子上。如果将试验导线短路，那么蜂鸣器就会发出声音，表示为"000kΩ"。蜂鸣器大约在 $400Ω$ 以下就会发出声音。测定电压大约为 $0.43V$，因为比较低，所以可以采用不闭合电路进行检验。

（10）二极管检验　把功能开关置于二极管的位置。把黑色的试验导线连接在"－COM"端子上，把红色的试验导线连接在"二极管"端子上。如果把黑色试验导线连接在二极管的阴极一侧，把红色试验导线连接在阳极一侧，则表示为正向电压下降。

（11）过载警告　在进行"V"（DC1000V、AC750V 除外）及"200mA·20mA·2mA·200μA"测定时，在增加过载输入的情

况下，蜂鸣器和显示器都会发出警告。蜂鸣器发出"嘟嘟、嘟嘟"断续鸣叫声，显示器则在最上位以"1000"的数字闪烁。在"V"测定中，在超量程动作的情况下，每次提高量程都会进行过载警告，直到达到最佳量程，才可进行该动作。

（12）超量程动作　一旦接通电源，就会自动地设定超量程动作。该功能只在有复数量程的"V·Ω"测定时动作，并自动地选择符合于所测定的值的量程。如果表示超过"1999"计数，那么就要提高量程；如果表示在"180"计数以下，则要降低量程。

（13）20A 端子　这是只在进行"20A"量程测定时使用的测定端子。在"20A"端子上没有保护电路，因为是按 0.01Ω 与"−COM"端子进行连接，所以，如果错误地直接外加大容量的电源，就会变成短路状态，让大电流流经试验导线是相当危险的。为了避免误操作而造成的危险，在"20A"量程的测定中，请只在已通过 20A 以下的断路器等的电路上使用。此外，假如接点电阻大，则会发热，有时还会损坏表本体。因此，请在大约 30s 左右的测定时间内进行。

（14）电池消耗表示　在显示器上示出"BT"标记时，电池容量变少了，此时请更换电池。

（15）注意事项

① 请绝对避免增加过大输入。根据量程不同，可以增加输入端的最大允许输入也有所不同。如果增加比最大允许输入电压、电流更大的电压、电流，那么不仅会失去准确度，而且有时还会造成主机损坏，或给测定人员带来危险。因此应加以特别注意。

② 请必须使用专用的试验导线。

③ 如果是在发生杂音装置附近使用，其表示有时会不稳定或表示不正确。

④ 在"20A"量程下的测定中，因发热等关系的缘故，请在短时间内（大约 30s 内）进行测定。

⑤ 因为不会出现"200μA"量程下的单位记录，所以必须加以注意。

⑥ 关于在有感应电压、浪涌电压发生时（电机等）的测定：

即使是最高使用电压以内的线路测定，一旦由感应物而引起的感应电压、浪涌电压等超过了最高使用电压，有时就会损坏主体。因此，请不要使用。

⑦ 由于形状记忆合金试验插头的顶端呈锐角形状，因此在操作时请加以充分注意。

⑧ 在"MΩ"量程的测定中，到达显示稳定需要花费一定的时间。

⑨ 在测定叠加在直流电压上的交流电压时，请把防止直流用的电容器（0.1μF左右）插入输入端进行测定。

⑩ 在高电压电路的电流测定中，由于与产品的耐电压有关，带有危险，因此请加以充分注意。

⑪ 当把电压增加到最大允许输入时，根据测定功能及量程的不同，有时显示会消失。这时，应解除输入，稍等一会儿会自然复原。

⑫ 在进行电压测定时，如果是以超量程测定600V以上（或200mV、2V、20V量程、600W以上），显然会暂时地出现标记，但这是不当操作。

（16）电路保护保险丝

① 在"200mA・20mA・2mA・200μA"测定中，在过电流流动的情况下，保险丝会熔断以保护电路。

② 更换保险丝时，拧松后盖螺钉，取下后盖。撬开位于"20A"端子旁边的保险丝的金属凹口部位取出保险丝。

③ 更换保险丝时，请将保险丝正确地压入固定槽内。保险丝的额定值为0.5A/250V（φ5.2mm、长20mm），必须使用相同额定值的保险丝。

2. 示波器

2H双显影式示波器各旋钮开关的名称及功能如图8-13所示。

CRT控制部：对○符号的主要部位进行说明。

① POWER

电源开关：电源一接通，②的灯就亮。

③ INPUT　　　 X

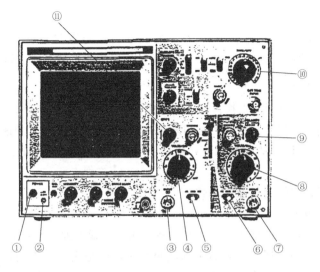

图 8-13 示波器

CH1 输入插销：通过 BNC 电缆或者探针来增加想用 CH1 进行观测的信号。

④ VOLTS/DIV

CH1 输入衰减器：衰减输入信号，作为在管面上容易观测的振幅。

⑤ AC-GND-DC

CH1 输入连接选择：根据输入信号的成分来进行电容器连接等，则比较易进行观测。

⑥ AC-GND-DC

CH2 输入连接选择：请参照⑤。

⑦ INPUT   X

CH2 输入插销：增加想用 CH2 来进行观测的信号。

⑧ VOLTS/DIV

CH2 输入衰减器：请参照④。

⑨ TIME8/DIV

CH2 垂直位置调节/极性切换：在可以上下移动已被输入到 CH2 中的信号波形的同时，还能通过拉提旋钮而使极性逆转。

⑩ TIME/DIV

水平扫描时间切换：利用该切换，就可以通过从 0.5s/DIV 到最高 0.2μs/DIV 经过校正的时间来选择管面上从左至右扫描的速度。

⑪ CH1 垂直位置调节：可以上下移动已被输入到 CH1 中的信号波形。

四、电器元件及其动作

1. 电阻

（1）电阻的概念 导体是具有电阻的，根据种类不同其值有大有小。在纯金属中，虽然银的电阻最小，但是它是价格高，因此，电阻较小的铜被作为电线材料得到广泛使用。用于电热器的镍铬耐热合金线，其电阻值在相同尺寸条件下，是银的 70 倍。除金属外，石墨也是一种导电的物质。几种物质的电阻率如图 8-14 所示。

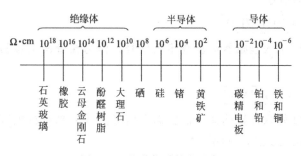

图 8-14　几种物质的电阻率

（2）导体的长度和截面积与电阻的关系 导体的长度越长电阻越大，而截面积越大电阻越小，这与管道粗细和水流大小有关的道理相似，如图 8-15 所示。

（3）电阻的串联、并联连接

① 串联连接 电阻通过串联连接而使电阻值增大，这类似于水流通过很长的管道而受到了限制，如图 8-16 所示。

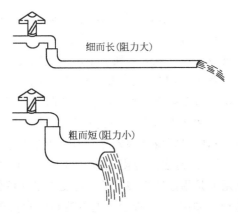

图 8-15 导体长度和截面积与电阻的关系示意

② 并联连接 当并联连接电阻时，整个电阻值就变小了，形成一种大电流状态。如果以水流为例，可以认为是增加了使水流动的管道，如图 8-17 所示。

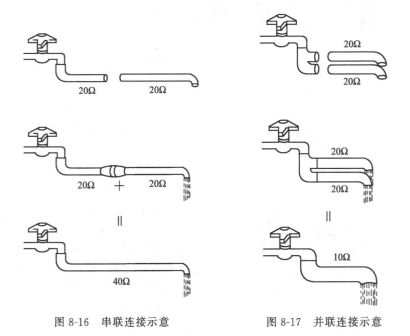

图 8-16 串联连接示意   图 8-17 并联连接示意

（4）电阻的种类　　碳膜电阻使用得最多，实心电阻频率特性好，绕线电阻稳定、可靠性高，空心电阻可用于大电流，金属膜电阻精度高且温度特性好，氧化金属膜电阻耐热性很好，胶合电阻也可用于大电流。各种电阻的外形如图 8-18 所示。作为电阻使用的元件有固定电阻和可变电阻两种。在固定电阻上，有的是用数字和颜色来指示电阻值和误差（图 8-19、表 8-4、表 8-5）。误差是指实际电阻值与所指示的电阻值有些差异，但在所允许范围内。电阻的读法如图 8-20 所示。与固定电阻比较，可变电阻的电阻值是可变的，最大的电阻值是用数字来表示的。可变电阻又可分为电位器和半固定电阻两种，如图 8-21 所示。电位器在经常需要调整音量的场合下使用。半固定电阻经一次调整后，基本上在无需变化的场合下使用。

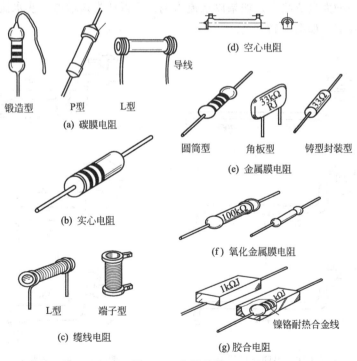

图 8-18　电阻种类

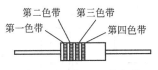

图 8-19 固定电阻的色带

表 8-4 固定电阻的色标（带色带）

色带颜色	第一色带	第二色带	第三色带（乘数）	第四色带（允差）
黑色	0	0	第一、第二色带的原状	—
茶色	1	1	0	1％
红色	2	2	00	2％
橙色	3	3	000	—
黄色	4	4	0,000	—
绿色	5	5	00,000	—
蓝色	6	6	000,000	—
紫色	7	7	0,000,000	—
灰色	8	8	00,000,000	—
白色	9	9	000,000,000	—
金色	—	—	加 0.1	5％
银色	—	—	加 0.01	10％

表 8-5 固定电阻的色标

颜　色	数　字	颜　色	数　字
黑色	0	绿色	5
茶色	1	蓝色	6
红色	2	紫色	7
橙色	3	灰色	8
黄色	4	白色	9

（5）使用电阻时的注意事项　一旦电流通过电阻就会发热。电流过大，因过热或使电阻值发生变化，或烧坏电阻。电流的大小在

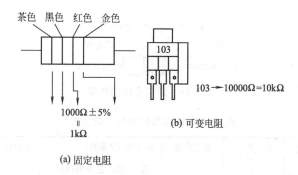

茶色 黑色 红色 金色

103

103 → 10000Ω=10kΩ

(b) 可变电阻

1000Ω±5%
=
1kΩ

(a) 固定电阻

图 8-20　电阻的读法

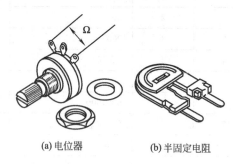

Ω

(a)电位器　　　　　(b)半固定电阻

图 8-21　可变电阻的种类

电压一定时由功率来决定的，如图 8-22 所示。

在普通的元器件商店中出售的电阻，从 1/8W 到 10W 左右。

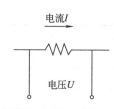

电流I

电压U

电压(V)×电流(A)=功率(W)

图 8-22　功率的计算

通过小电流的电阻，使用 1/4W 的就足够了。但是，在电阻值较低、电流较大的情况下，还是应该选择功率较大的电阻。

2. 继电器

（1）电路符号　在继电器上具有线圈、a 接点和 b 接点。a 接点又称 NO（常开）。通常，该接点都是断开的，线圈一经通电，接点就闭合。b 接点，又称 NC（常闭）。通常，该接点都是闭合的，线圈一经通电，接点就断开。符号如图 8-23 所示。

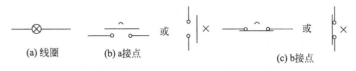

(a) 线圈   (b) a接点 或   (c) b接点 或

图 8-23　电路符号

（2）继电器基本电路　电路无论有多复杂，但它必然是由几个基本电路的组合而形成的，每个基本电路，都是继电器、定时器电路等的简单的线束。

① ON 电路（a 接点电路）　电磁继电器的线圈一经通电，该接点就会闭合，而一经断电，接点就断开，这是最一般的电路动作。如图 8-24 所示，当一按下按钮开关 PB，继电器的线圈 X 即被通电，接点×一经闭合，电流就在圆筒形线圈内流动。当一放开按钮开关 PB，继电器线圈 X 就成为 OFF 状态，接点×一经闭合，圆筒形线圈的电流则被切断。

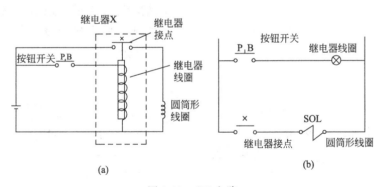

图 8-24　ON 电路

② OFF 电路（b 接点电路）　即把 ON 电路的继电器接点作为 b 接点，圆筒形线圈形成相反的动作。也就是说，继电器线圈 X 在 OFF 状态时，圆筒形线圈已被通电，按下按钮开关 PB，继电器线圈 X 就成 ON 状态，接点×被断开，如图 8-25 所示。

③ 自保电路　一次按下按钮开关，即使放开按钮，但在该电路上仍然有电流继续流动，这便是保持继电器的电路。如图 8-26

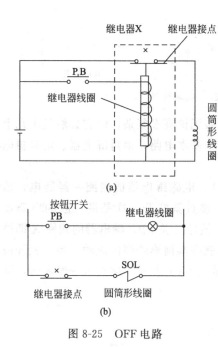

图 8-25　OFF 电路

所示，按下 PB2 或因停电等原因一旦电源被切断，即会解除自保。自保电路主要应用启动、停止按钮开关，还可以使用限位开关或继电器接点。

3. 线圈

（1）磁力线　方位磁针仪朝北，将该方向定为 N 极；朝南，则把该方向定为 S 极，如图 8-27 所示。

方位磁针仪在整个地球上始终指向同一方向，因此可以认为在那里有一条磁性的通道，把这条磁性通道称为磁力线，如图 8-28 所示。

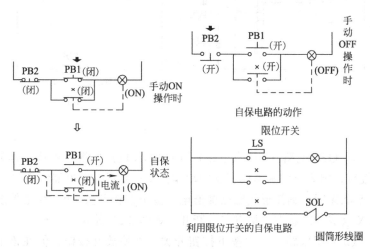

图 8-26　自保电路

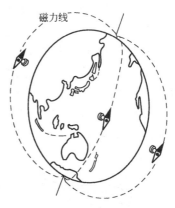

图 8-27　方位磁针仪

图 8-28　磁力线

为了更直观地理解磁力线，可进行下面的实验。在一张较厚的纸上，撒上一层薄薄的铁粉，把磁棒轻轻地放在上面，然后轻微地敲击一下底部。于是在磁棒的两端，即 N 极和 S 极上沾有许多的铁粉，而在 N 和 S 极的中间，即磁铁的中心附近基本上没沾上铁粉，如图 8-29 所示。

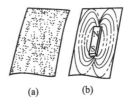

（a）　　　（b）

图 8-29　磁场示意

磁力线从 N 极出来，进入 S 极。磁力线不仅发生于磁铁周围，在有电流流动的地方也要发生。在电流通向导体时所发生的磁力线的方向，与电流的方向具有一定的关系，这与右旋螺纹的方向以及与螺纹行进的方向的关系相似。

图 8-30　安培定律

如果在右旋螺纹的行进方向上通上电流，那么在螺纹的旋转方向上就会产生磁力线，形成磁场。把这种规律称为安培定律，或安培右旋螺旋定律，如图 8-30 所示。

此时，如果把电流的方向与磁力线的方向进行交换，在螺纹旋转的方向上通上电流，那么在螺纹行进的方向上就会产生磁力线。例如，在导体变圆时，即把电流通向线圈时，磁力线通过线圈的中心，变成图 8-31 所示的方向。

（2）物质的磁导率与通过线圈的磁力线数　有容易通过磁力线的物质和不能通过磁力线的物质。如果把容易通过磁力线的物质——镍与磁铁粘在一起，那么，许多磁力线都会通过镍而散发出去，如图 8-32 所示。

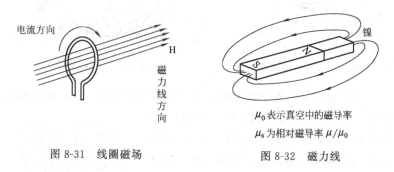

图 8-31　线圈磁场

μ_0 表示真空中的磁导率
μ_s 为相对磁导率 μ/μ_0

图 8-32　磁力线

通过磁力线的能力称为磁导率。不同的物质磁导率有所不同。几种物质的相对磁导率见表 8-6。

表 8-6　物质的相对磁导率

磁　性　体	抗磁性体	顺磁性体
镍　约 300	铜　0.99999	白金　1.00029
硅铜　约 6000	氢　0.99999	铝　1.00021
镍合金　约 100000	银　0.999917	空气　1.00000

改变线圈的匝数和是否将磁导率很高的物质放入到线圈内，从线圈的出口排出的磁力线的数，也就是磁通量，即使流动相同的电流也不同。如图 8-33 所示，在线圈的出口能够排出多半数量的磁力线的线圈便是图（c）所示的线圈。作为参考，在线圈的出口能够排出多数磁力线的线圈的状况如图 8-34 所示。

（3）电磁感应　如图 8-35 所示，把电流计 G 连接在线圈 C

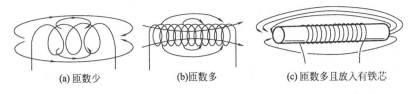

| (a)匝数少 | (b)匝数多 | (c)匝数多且放入有铁芯 |

图 8-33　磁通量

上，然后将永久磁铁 M 进出于线圈内部，于是电流计 G 就会随着磁铁的进出而左右摆动。这时，C 的匝数越多、而且磁铁越是强力、M 进出于 C 的次数越频繁、速度越快，那么 G 的摆就越大。另外，M 进入线圈时的 G 摆动方向，与 M 从线圈退出时的 G 的摆动

图 8-34

方向正好相反。还有，若把磁铁 M 固定下来，移动线圈也能得到同样的结果。

　　如图 8-36 所示，把线圈 L 缠绕在铁芯 A 上，并将开关 S 和电源与 A 连接，即使作为电磁铁 Me 也会发生同样的现象。当把 Me 和 C 固定住，一接通 S，电流就会流向 L，A 就变为磁铁。无需移动 Me 和 C，在接通 S 的一瞬间，G 就会摆动，在切断 S 电源的一瞬间，G 也会摆动，与接通 S 的时候摆动方向相反。

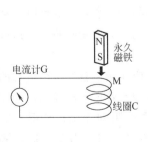

图 8-35　电磁感应的状态

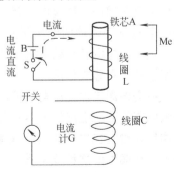

图 8-36　磁通量变化电流即流动

把以上的内容归纳整理如下。

① 一旦与线圈交叉的磁力线（磁通）的数量发生变化，电流就会通向线圈。

② 与线圈交叉的磁通量在增加和减少时，通向线圈的电流的流向相反。

③ 与线圈交叉的磁通量的增加和减少的变化（对时间变化的比例）越大，通向线圈的电流也越大。

由于与线圈交叉的磁通量的变化，在线圈上产生了电动势，这种现象被称为电磁感应，把由此产生的电动势称为感应电动势，另外，把依靠感应电动势而流动的电流称为感应电流。在利用发电机产生电压，或者通过变压器来改变使用电压的大小时，都是利用这种现象。

（4）楞次定律与自感应

① 楞次定律　1834 年，楞次在试验中弄清了法拉第的电磁感应现象，并发表了感应电动势发生于阻挠原先的磁通量变化（增减）的方向上的论说。

② 自感应作用　如图 8-37 所示，把直流电源 B 和开关 S 连接在线圈 C 上。一旦接通 S，电流 I 通向线圈 C。因此，对于线圈 C 来说，在粗箭头所示的方向上产生了磁通量。于是，根据楞次定律，在阻挠磁通量增加的方向上产生了感应电流或感应电动势。当断开 S，与线圈 C 交叉的磁通量就会减少，所以电动势就在增加的方向上受到感应，感应电流就在与电流 I 同一方向上流动。此时，线圈通过自身流动的电流所发生的磁通量的变化来产生感应电动势。这种感应电动势就在阻挠磁通量变化的方向上受到感应。这种作用被称作自感应作用。

在向线圈施加交流电流时，通过自感应作用，就在很难流动的交流电流的方向上产生了感应电动势。线圈有着很难流动交流电流的作用，对交流电流来说，线圈就起到了电阻的作用，如图 8-38 所示。把线圈的这种能力称为电感，以亨利（H）为单位进行测定。在改变相等的电流流动的时候，把产生高电压的现象称为电感

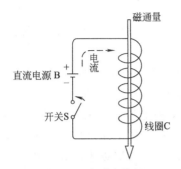

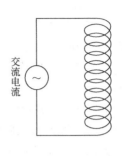

图 8-37　自感应作用　　　　　　　图 8-38　交流电流

大，而把产生低电压的现象称为电感小。电感的符号是 L。

在直流电流的情况下，在接通或切断开关时，虽然都会产生感应电动势，但是在其他的时候是不会产生感应电动势的。因此，在作为直流电阻观察线圈时，则与普通的导线相同。

4．二极管

（1）二极管的方向　如图 8-39（a）所示，在从管道的 A 侧让水流动的时候，水能顺利流动。但是，如果让水从 B 侧流动，由于阀门的阻挡而阻止了水的流动。二极管带有两个接头，其动作原理与管道阀门一样，电流只能向着一个方向流动。如果电流反向流动，就会形成很大的阻力，使电流不能流动（实际上流动的是十分微弱的电流），这种现象称为整流作用。

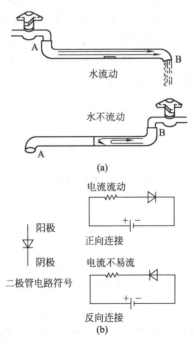

图 8-39　二极管原理

加上正电压，把电流流动的方向称为正向，把正向的接头称为阳极；把电流不能流动的方向称为反向，把反向的接头称为阴极，如图 8-39 所示。

（2）二极管的特性　二极管具有各种各样的特性。电路中使用最多的是采用硅或锗等半导体制作的半导体二极管。硅二极管具有如图 8-40 所示的特性，为了使大量的电流通往正向，就需要加上 $0.5 \sim 0.7V$ 以上的正向电压，在 $0 \sim 0.5V$ 电压之间，正向电流是不太流动的（注意：之所以需要 $0.5 \sim 0.7V$ 以上的正向电压，是因为温度或元件有所不同而具有若干差异的缘故）。如果加上反向电压，那么就会有微小的反向电流流动。而且，若加上高电压，就好像是在一定的电压下突然使大量的电流流动，如图 8-40 中 U_R 所示的值。

半导体的性质，在容易通过电流这一点上，处于导体与绝缘体的中间温度产生电阻的变化。一般来说，温度越高，电阻值越低。即使是同样的硅二极管，在 $100℃$、$25℃$、$-25℃$ 三种温度下，正向上升电压的特性，也有这样的差异，如图 8-41 所示。通常，以 $25℃$ 的特性来表示上升电压。

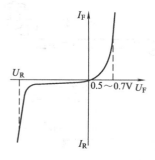

图 8-40　二极管的电压、电流特性

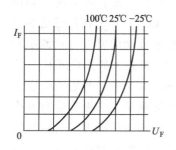

图 8-41　温度引起的二极管特性的变化

（3）二极管的最大额定值　在电路中使用二极管时，无论使用哪种二极管，均必须使用指示有最大额定值范围，且具有余量的二极管。实际使用时最需要注意的最大额定值参数见表 8-7。

表 8-7　二极管额定值

名　　称	符　号	额定值的意义
直流反电压	U_R	被加在反向上的直流电压的最大值
最大平均整流电流	I_O	流向正向的直流或平均整流的电流的最大值
最大功率	P	能使二极管消耗的功率的最大值

（4）用电路实验器检验二极管的好坏的判定方法　在测试二极管时，使用万用表进行检验是最简单的方法。

① 电阻量程要符合 $1k\Omega$。

② 使红、黑两根万用表测试棒短路后，调成 0Ω。

③ 把黑色的测试棒放在进行测试的二极管的阳极上，把红色的测试棒放在二极管的阴极上。

④ 在指针还没有指到零位并在中途停止，则说明二极管完好。

⑤ 相反，把红色棒放在阳极上，把黑色棒放在阴极上。

⑥ 如果指针不摆动则说明二极管完好。

在使用数字万用表时，极性正好相反，如图 8-42 所示。

二极管的故障方式有两种：一种是短路；另一种是断路。短路指的是已经失去阻止反向电流的能力而形成导通状态。因此，即使改换

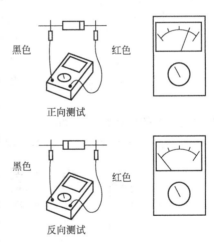

图 8-42　用万用表检验二极管

万用表的导线来测量电阻，双向都表示出相同的电阻值。断路呈现出的是一种双向都没有电流流动的状态。如果用万用表测试正向，电阻值无限大，则说明二极管断路。

（5）发光二极管与齐纳二极管

① 发光二极管　发光二极管是把正向电压加在阳极、阴极间

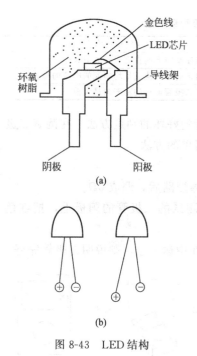

金色线

LED芯片

环氧
树脂

导线架

阴极　　　　　阳极

(a)

(b)

图 8-43　LED 结构

使之发光的二极管，简称 LED。它广泛用于电视机、立体声音响、磁带录音机等。具有代表性的结构如图 8-43 所示。发光所需要的电压约 1.6～2.7V 左右，但根据 LED 芯片的材料不同而会有所变化。材料为化合物的半导体，使用最多的是 GaP（磷化镓）和 GaAsP（砷化镓磷）。发光颜色有红色、绿色、橙色和黄色，根据化合物的材料以及杂质浓度的不同而颜色会有所改变。LED 优点：发热小；响应快（因为不需要像灯泡那样预热）；寿命长（到达发光强度下降到一半的时间为数 10 万小时至数百万小时）。LED 缺点：发光强度低、直射阳光下的视认性差。如图 8-44 所示，LED 形状从米粒大小到笔杆大小，而且有圆形、方形等形状。

图 8-44　LED 形状

②　齐纳二极管　如图 8-45 所示，连接齐纳二极管，串联增加电池的数量，使加在齐纳二极管上的电压增大。与齐纳二极管一起装入的电阻器，可防止过大的电流通向齐纳二极管。当电池的数量

少、电压较低时，齐纳二极管呈断开状态，电流不能流动。当增加电池的数量，使电压上升，达到一定程度时，齐纳二极管就变成接通状态，电流开始急剧地流动。齐纳二极管接通时的电压经常处于一种恒定状态，这种电压称为齐纳电压。齐纳二极管的特性如图 8-46 所示，正向电流与一般的二极管完全相同，按 0.6～0.7V 上升，相对于电压的增加，电流呈直线地增加；反向

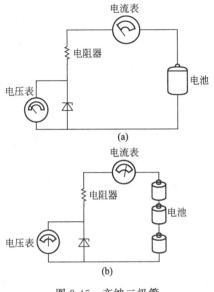

图 8-45　齐纳二极管

电流如上所述，在齐纳电压下，电流开始急剧地流动，其后，即使是相对电流的增加，电压仍显示出几乎不会发生变化的恒压特性，这一点便是与一般的二极管所不同之处。齐纳二极管经常用于制作基准电压。

5. 恒压 IC

这种恒压 IC 不是采用外附元件，而是从不稳定直流输入电流中得到稳定的固定输出电压。输出电压呈固定状态，有 5V、8V、12V、15V、18V、24V 六种，可分别作为允许电流达到 1A 的电流电路使用。

（1）标准特性

① 输出电压

5V：μPC14305H、7805H

8V：μPC 14308H、7808H

12V：μPC 14312H、7812H

15V：μPC 14315H、7815H

18V：μPC 14318H、7818H

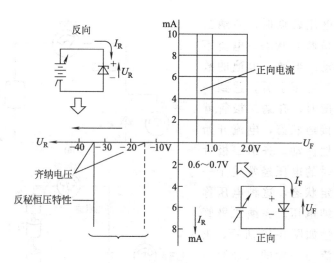

图 8-46 齐纳二极管的特性

24V：μPC 14324H、7824H

② 输入稳定性

1.0mV：8V≤U_{IN}≤12V（μPC 14305H、7805H）

③ 负载稳定性

5.0mV：250mA≤I_O≤750mA

（2）优点

① 不需要外附元件。

② 能得到 1A 的输出。

③ 内装有加热保护电路。

④ 内装有过电流限制电路。

6. 电容器

（1）电容器的基本性质　利用电容器充电、放电和隔直流电、通交流电的特性，在电路中用于隔直流、耦合交流、旁路交流、滤波、定时和组成振荡电路等。

（2）电容器的结构　电容器是由两块金属板对合而成的。当电压加到电容器上，在正极的金属板上就存积着正电荷。通常把这种电荷存积的状态称为充电，也称为一次充电。进行一次充电，即使切断电压，电荷仍然处于互相吸引的状态（图 8-47）。

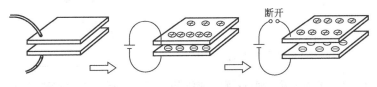

图 8-47　电容器工作原理

金属板的面积越大、间隔越窄，越能充入多的电荷。把电容器具有可充多少电的能力称为静电电容，以法拉第（F）为单位进行测量。在电子电路中使用的是 pF（10^{-12}F）或 μF（10^{-6}F）的单位。电容符号用 C 来表示。普通的电容器是在两块金属板之间插入绝缘体，这是为了增大电容器的静电电容，绝缘体又被称为介质。

（3）电容器的充电和放电

① 充电　当把电容器直接连接到电源上时，电流呈短时间流动，对电容器进行充电。如图 8-48 所示，最初时有大电流流动，随着充电，电流就会变小，若静电电容已满，则电流就会完全停止流动。图 8-49 所示为充电时电容器接头间的电压和电流的变化。

② 放电　去掉电源，如果使连接在正极和负极上的接头短路，那么电流就会呈反向流动。这是因为向电容器充电的电荷通过电阻而流动之故。如果失去电荷，那么电流就会停止流动。把已充电的电荷从电容器中移走称为放电，如图 8-50

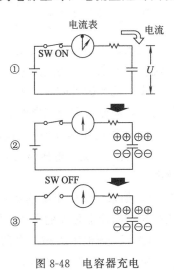

图 8-48　电容器充电

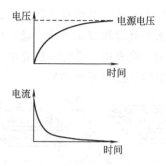

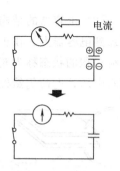

图 8-49　电容器接头间电压和电流的变化　　　图 8-50　电容器充电

所示。图 8-51 所示为放电时电容器接头间的电压和电流的变化，

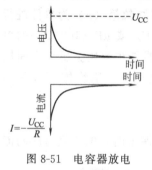

图 8-51　电容器放电

由于电流与充电时呈反向流动，所以符号变为负的。

（4）电容器的直流电流和交流电流

电容器所具有的性质是：直流不流动，交流流动。

直流不流动是指最初时的电流会流动，但是，一旦电容器的静电电容已满时，电流就会停止不动。在这种状态下，直流电流是不会流动的。

交流是指正极和负极在一定的周期内进行交替的电压，或者是指流动方向在一定的周期内发生变化的电流。交流电压正和负的变化形式，就是进行弦波（正弦曲线）的顺畅变化。交流流动是指如果把电容器连接在交流电源上，就会重复发生下述①～④的变化。

① 交流电压从 0 向 U_p 逐渐变高，电容器充电。

② 然后，交流电压从 U_p 向 0 下降，已经充电的电容器进行放电。

③ 如果交流电压继续从 0 向 $-U_p$ 下降，那么在电容器上就会耗费与①的情形相反的电压，因此电容器反向充电。

④ 当交流电压从 $-U_p$ 升到 0 时，已充电的电容器再次进行放电。

整个过程如图 8-52 所示。

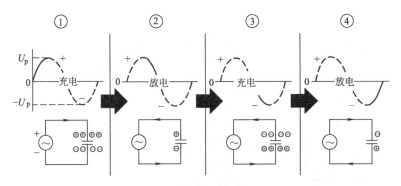

图 8-52 在电容器上加交流电

（5）电容器的串联、并联连接

① 并联连接 如果并联连接电容器，那么整个静电电容就会增大。如果把各自的静电电容设定为 C_a、C_b，那么在并联连接时的静电电容就变成 C_a、C_b 的和，如图 8-53 所示。

② 串联连接 进行串联连接时，整个电容会变小，如图 8-54 所示。

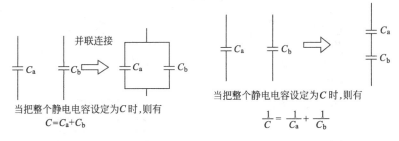

当把整个静电电容设定为 C 时，则有
$$C = C_a + C_b$$

当把整个静电电容设定为 C 时，则有
$$\frac{1}{C} = \frac{1}{C_a} + \frac{1}{C_b}$$

图 8-53 并联连接电容器时的计算方法　　图 8-54 串联连接电容器时的计算方法

（6）电容器的种类 电容器可以分为固定电容式和电容可变式两类。

① 固定电容式电容器 简称固定电容器，分为有极性和无极性两种。有极性的电容器的连接端子是有正负极的，在连接电路时，把正端子连接在高电压的一侧，而把负端子连接在低电压的一侧，如果反向连接，就会破坏电容器或者损坏电路。无极性的电容器，无论连接到哪根端子上均无影响。

有极性的电容器包括：

电解电容器——电容大，但漏电流也大；

钽质电容器——在阳极上使用有钽质薄片。

无极性的电容器包括：

陶瓷电容器——主要用于高频；

聚酯电容器——温度特性好；

苯乙烯电容器——电容误差非常小；

云母电容器——将云母用于衍生物。

图 8-55 所示为几种电容器的外形。

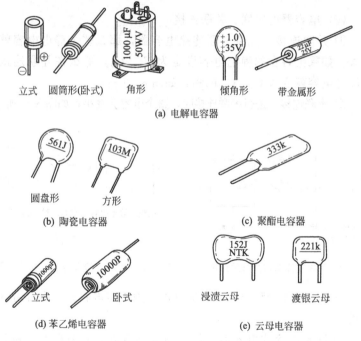

图 8-55　几种电容器的外形

② 电容可变式电容器　简称可变电容器，用于无线电设备的调谐电路。聚酯可变电容器把聚乙烯系的塑料薄片用在衍生物上。也有在衍生物上使用气动的。虽然不是用于无线电设备的调谐，但

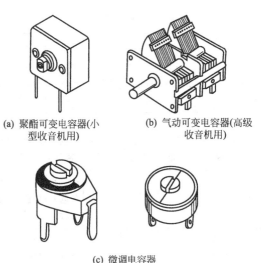

(a) 聚酯可变电容器(小型收音机用)

(b) 气动可变电容器(高级收音机用)

(c) 微调电容器

图 8-56 可变式电容器的种类

它是可以改变电容的微调电容器（图 8-56）。

（7）使用电容器时的注意事项　使用电容器时的注意事项有三点：静电电容，最大耐压，极性。静电电容由电路给予指示，或者选择接近静电电容的值。最大耐压选择电容器所需电压以上的耐压。在使用具有电路电源电压以上耐压的电容器或钽质电容器时，切记注意不要装错极性。图 8-57 所示为静电电容值的观看方法。

7. 电线束

（1）配线的布线颜色　ACERA 系列配线的面线颜色的表示方法如图 8-58 所示。配线颜色见表 8-8。

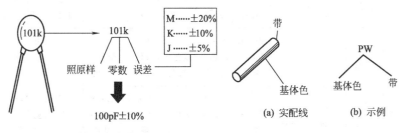

图 8-57　静电电容值的观看方法

图 8-58　按基体色、带的顺序表示

表8-8　电线束颜色

	0	1	2	3	4	5	6	7	8	9
0	P·W 粉红·白色	Lg·L 翠绿·蓝色		B·O 黑色·橙色	O·W 橙色·白色	O·Y 橙色·黄色	Y·Sb 黄色·天蓝	P·G 粉红·绿色	Lg·Sb 翠绿·天蓝	Lg·R 翠绿·红色
1	Gr·R 灰色·红色	Gr·L 灰色·蓝色	O·G 橙色·绿色	Y·O 黄色·橙色	L·O 蓝色·橙色	Y·Gr 黄色·灰色	B·Gr 黑色·灰色	Lg·B 翠绿·黑色	G·O 绿色·橙色	Sb·Lg 天蓝·翠绿
2							Gr·Y 灰色·黄色	B·Lg 黑色·翠绿	Lg·Y 翠绿·黄色	
3	B 黑色		V·B 紫色·黑色		B·W 黑色·白色	B·R 白色·红色	B·G 白色·绿色	B·Y 黑色·黄色	B·Br 黑色·茶色	B·L 黑色·蓝色
4	W 白色	Gr 灰色		W·B 白色·黑色		W·R 白色·红色	W·G 白色·绿色	W·Y 白色·黄色	W·Br 白色·茶色	W·L 白色·蓝色
5	R 红色	O 橙色	P 粉红	R·B 红色·黑色	R·W 红色·白色		R·G 红色·绿色	R·Y 红色·黄色	R·Br 红色·茶色	R·L 红色·蓝色
6	G 绿色	Lg 翠绿		G·B 绿色·黑色	G·W 绿色·白色	G·R 绿色·红色		G·Y 绿色·黄色	G·Br 绿色·茶色	G·L 绿色·蓝色
7	Y 黄色			Y·B 黄色·黑色	Y·W 黄色·白色	Y·R 黄色·红色	Y·G 黄色·绿色		Y·Br 黄色·茶色	Y·L 黄色·蓝色
8	Br 茶色			Br·B 茶色·黑色	Br·W 茶色·白色	Br·R 茶色·红色	Br·G 茶色·绿色	Br·Y 茶色·黄色		Br·L 茶色·蓝色
9	L 蓝色	Sb 天蓝	V 紫色	L·B 蓝色·黑色	L·W 蓝色·白色	L·R 蓝色·红色	L·G 蓝色·绿色	L·Y 蓝色·黄色	L·Br 蓝色·茶色	L·Lg 蓝色·翠绿

（2）公称截面积　见表8-9。

表8-9　公称截面积

| 公称截面积/mm² | 铜电线 | | | 电缆外径/mm² | 电流/A | | 适用的电路 |
	股数	各股的直径/mm	横截面积/mm²		额定值	60s通30s停允许电流值	
0.85	11	0.32	0.88	2.4	12	—	启动、照明、信号等电路
2	26	0.32	2.09	3.1	20	—	照明、信号等电路
5	65	0.32	5.23	4.6	37	—	充电和信号等电路
15	84	0.45	13.36	7.0	59	—	启动电动（火花塞）
40	85	0.80	42.73	11.4	135	500	启动电路
60	127	0.80	63.84	13.6	178	650	启动电路
100	217	0.80	109.1	17.6	230	900	启动电路

8. 连接器

（1）CN连接器（带锁紧装置）

① CN连接器（带锁紧装置）的优点　这种连接器是在CN连接器的罩壳上设置有锁紧装置，能可靠地进行连接器的连接作业，并能提高因使用过程中的振动以及其他的外力而造成接头脱落（不脱落）可靠性很好的连接器。在罩壳材质中有聚丙烯和含有66耐纶热稳定剂的两个种类。罩壳的颜色有自然色、黑色、绿色、蓝色和茶色。应用电线截面积设计为适用于0.5～2mm²的线端。极数有1、2、3、4、6、8、10极共7种。

② CN连接器（带锁紧装置）的结构及各部名称　如图8-59所示。

（2）犁铧式密封连接器

① 犁铧式密封连接器的优点

a. 完全防水性　由于连接器的连接部和电缆引出部具有橡胶的弹性和独特的密封结构，因此与外部完全遮断，即使使用并联也能得到可靠的防水性。在使用厚橡胶（绝缘）软电缆时，如果在电

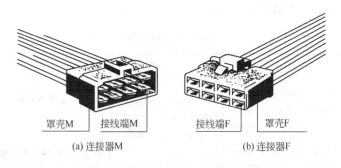

罩壳M　接线端M　　　　接线端F　罩壳F

(a) 连接器M　　　　　　　　　　(b) 连接器F

图 8-59　CN 连接器的结构及各部名称

缆引出一侧附上保护罩，则具有更好的效果。防水性：水深（盐水
5％）（91±2.5)cm，24h。

b. 综合抗环境性　犁铧式密封连接器，除具有很好的防水性
外，还具有良好的防尘、防滴和耐湿性以及耐油、抗振、耐冲击性
等综合性的抗环境性能。在屋内使用的机器，也能充分地在屋外苛
刻地使用条件下进行使用。使用温度范围：−40～＋105℃。

c. 经济实用的低成本且操作简单　由于功能性设计的主体与
接点的有机组合，所以部件数量少，为高品质、低成本的产品。接
点的接线为简单的压接式。压接接线后，使用专用的插入工具便能
简单地把接点插入到本体的罩壳上。大量的接线、组合，即使是在
万一要变更接线或更换接线时也能简单地进行。产品操作性好，便
于简单使用。

d. 高可靠型插座接点　插座接点在弹簧部（引线接点）的接
触部覆盖有不锈钢套管，使之具有对于撬开的耐久性，是充分发挥
可靠、稳定的接触功能的高可靠型插座接点。

e. 整体成型本体罩壳与低成本冲压接点　连接器具有良好的
腈基系合成橡胶整体成型的本体，及采用冲压成型低成本化的
接点。

f. 符合 UL 和 CSA 标准　犁铧式密封连接器符合 UL 标准
（FILE·E8572）和 CSA 标准（FILE·LR23182-3）。

② 犁铧式密封连接器的结构　如图 8-60 所示。

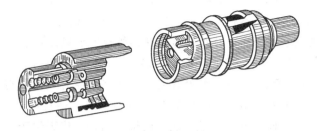

图 8-60 犁铧式密封连接器的结构

9. 晶体管

（1）晶体管的种类　晶体管是由半导体形成的，有 PNP 型和 NPN 型两种（图 8-61）。这两种晶体管再细分，又有 2SB528、

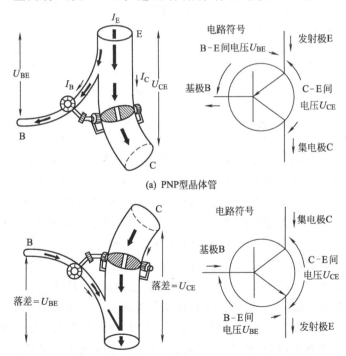

(a) PNP型晶体管

(b) NPN型晶体管

图 8-61　PNP 型晶体管和 NPN 型晶体管

2SC1000、2SD189 等型号。国产晶体管都带有 2S 字样，国外厂家生产的晶体管却不带 2S。紧跟 2S 后的 A、B、C、D 表示 PNP、NPN 的区别和用途。2SA 型号的晶体管也有低频用或者功率放大用的晶体管。在表 8-10 中所列的 2SA、2SB 中，除硅晶体管以外，也有锗晶体管。在 2SA 或 2SB 之后的数字是注册顺序号与特性和类别没有关系，在数字之后还有字母，如 2SA12H、2SB25G、2SB25N、2SB128A 等，这是表示改进产品，或代表生产厂家决定的用途或等级。

表 8-10　晶体管名称、用途

名　　　称	类　　　别	用　　　途
2SA	PNP 型	高频、换向用
2SB		低频用
2SC	NPN 型	高频、换向用
2SD		低频、功率放大用

2　　S　　B　　250　　A
晶体管　半导体　用途　注册管号　改进型

（2）晶体管的基本动作　为了便于理解晶体管的动作，以大小两根水管为例来加以说明。首先在大管上装一个水闸，该水闸会根据流向小管的水量忽关忽开。当完全无水流向小管时，水闸就会及时关闭，此时无论向水闸增加怎样的水压，大管始终没有水流动。流往小管的水量越多，水闸开得越大，大量的水又流入大管。然后，小管的水和大管的水再合流到一根管里。

晶体管也和水管道理一样，通过基极电流 I_B 的流动，也能使集电极的大电流 I_C 流动。这种现象称为放大。晶体管的作用是把小电流变成大电流的电流放大作用。PNP 型晶体管的电流与电压的关系和 NPN 型晶体管完全相同，不过，电流的方向是反向，接头间电压正负也相反。

（3）晶体管的基本公式

① 电流放大公式　在流向基极 1mA 电流时，在集电极中就有 50mA 的电流流动，这是因为集电极能把基极电流放大到 50 倍。基极电流放大的倍数称为直流电流放大率，用 h_{FE} 来表示。

$$h_{FE} = \frac{I_C}{I_B} \tag{8-1}$$

在 $I_B = 50mA$ 时，$I_C = 50mA$，则

$$h_{FE} = \frac{I_C}{I_B} = \frac{50mA}{1mA} = 50$$

在 $I_B = 1mA$ 时，假设 $I_C = 100mA$，则

$$h_{FE} = \frac{I_C}{I_B} = \frac{100mA}{1mA} = 100$$

如果改变公式（8-1），就能写出公式（8-2）。

$$I_C = h_{FE} I_B \tag{8-2}$$

假如在 $h_{FE} = 50$ 的晶体管中流动 1mA 的基极电流 I_C 时，那么在计算集电极 I_C 中究竟有多少电流在流动时利用式（8-2）就很方便。

② 基极、集电极、发射极电流的关系式　在基极电流 I_B、集电极电流 I_C 与发射极电流 I_E 之间存在着公式（8-3）的关系，该公式意味着集电极电流 I_C 和基极电流 I_B 都变为发射极电流 I_E。

$$I_E = I_C + I_B \tag{8-3}$$

（4）晶体管的特性　图 8-62 所示为硅二极管的电流、电压特性，晶体管的 U_{BE} 和 I_B 也具有大致相同的特性，如图 8-63 所示。

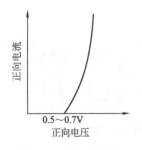

图 8-62　硅二极管的
电流、电压特性

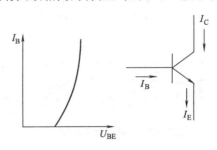

图 8-63　基极、发射极
间电流、电压关系

无论是二极管还是晶体管，都是由半导体形成的，二极管是PN连接，晶体管是PNP连接或NPN连接。

如果关注一下二极管的阳极（A）、阴极（K）和NPN型晶体管的基极（B）、发射极（E）就会明白它们构成相同的PN连接（PNP型晶体管的基极为N型、发射极为P型），所以它们的电压、电流特性也就大致相同（表8-11）。

表8-11　二极管与晶体管的符号及结构

元 件 符 号	元 件 结 构
二极管 A ──▷├── K	A [P|N] K
NPN 型晶体管 B ──┤< C / E	C [N|P|N] E B
PNP 型晶体管 B ──┤< C / E	C [P|N|P] E B

（5）晶体管的外形和端子　图8-64所示为晶体管的外形和端子。金属板为散热用，与集电极连接在一起。

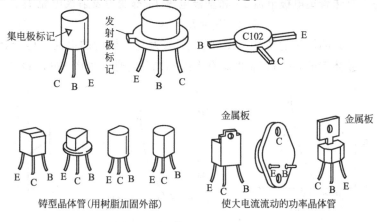

图 8-64　晶体管的外形和端子

E—发射极；B—基极；C—集电极

（6）晶体管简单的检验方法　判断晶体管的好坏有一种简便的检验方法，就是使用万用表。晶体管的结构，如果从电流易于流动的角度来考虑，可视为将两个二极管连接起来。

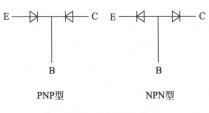

PNP型　　　　　　　　　NPN型

图 8-65　晶体管的检验

检验时，主要是观察这两个二极管能否正常动作，如图 8-65 所示。

把万用表的旋钮定位在最高电阻量程。将红、黑两根测试棒短路，尽可能使指针指向零，进行零欧姆调整。然后进行表 8-12 所列步骤。

表 8-12　晶体管测试步骤

NPN 型	PNP 型
①将黑色测试棒接触到 B	①将红色测试棒接触到 B
②将红色测试棒接触到 E,如果指针摆动则完好	②将黑色测试棒接触到 E,如果指针摆动则完好
③C 与②项一样则完好	③C 与②项一样则完好
④将红色测试棒接触到 B	④将黑色测试棒接触到 B
⑤将黑色测试棒接触到 E,如果指针摆动则完好	⑤将红色测试棒接触到 E,如果指针摆动则完好
⑥C 与⑤项一样则完好	⑥C 与⑤项一样则完好

注：①、②、③项为正向测试，④、⑤、⑥项为反向测试。

第二节　主要电气设备的基本原理

电气系统是挖掘机的重要组成部分，它直接关系到机器能否正常工作，本节将着重介绍有关电气系统的一些基本内容。

一、电源

车辆电源一般为直流电源，如蓄电池、直流发电机，也有用交流发电机作为电源的。

1. 蓄电池

蓄电池是一种储能元件，它能够把电能转换为化学能储存在蓄电池内，此过程称为充电；在需要时它又能把化学能转换为电能释放出来，此过程称为放电。在内燃机车辆中，当发动机未发动或怠速运转时，所有用电设备都由蓄电池供电。当车辆上发电机已发电，但发电机电压不足或过载时，蓄电池作为补充电源和发电机共同向用电设备供电。当发动机正常工作时，用电设备将全部由发电机供电，此时的蓄电池也接受发电机充电。

2. 发电机和发电机调节器

（1）发电机

发电机是利用闭合导体在磁场中作切割磁力线运动而产生感应电势和感应电流的。发电机分直流发电机和交流发电机两大类。直流发电机发出的是直流电，但其结构复杂，维修不便，且在整流过程中产生整流火花，对周围各种无线电装置干扰比较大，在机动车辆上已很少采用。现在车辆上配套的基本上都是由交流发电机和硅整流器组装在一起的交流发电机，交流发电机产生的交流电经过硅整流器整流后变成直流电，作为车辆上各用电设备的电源。发电机的输出电压同发动机的转速成正比关系。由于发动机转速常常受到外部因素的影响而不稳定，因此发电机的输出电压也不稳定，不能保证车辆上的用电设备正常工作，为此发电机还需同发电机调节器配套使用，使之输出比较稳定的直流电压。硅整流发电机一般都是负极搭铁，因此要特别注意车辆上蓄电池搭铁的极性，以防发电机硅整流器的损坏。有些发电机内部没有搭铁，在使用时要将相应的接线端子搭铁才能保证发电机正常工作。发动机熄火后，应将点火开关或电源开关断开，否则蓄电池电流将长期流经发电机励磁组和调节器磁化线圈，使蓄电池长期处于放电状态并易烧坏线圈。

（2）发电机调节器

同直流发电机配套和同交流发电机配套的发电机调节器的结构是不一样的。

前者由三部分组成，分别是调节器、限流器和断流器。调压器可将发电机因转速变化而引起变化的电压稳定在蓄电池电压左右。

限流器是在发电机的输出电流突然增大时，起限制作用而不至于使发电机过载。断流器是当发动机不工作或因转速较低而使发电机输出电压为零或低于蓄电池电压时断开发电机和蓄电池间的电路联系，以防损耗蓄电池的能量和烧坏发电机的电枢绕组。

同交流发电机配套使用的发电机调节器功能比较简单。因为交流发电机的硅整流器具有单向导电性，发电机绕组的感抗具有限制输出电流的能力，所以调节器就不需要再有断流器和限流器了，只需用调压器来稳定发电机的输出电压即可。交流发电机调节器有电磁振动调节器和晶体调节器。晶体调节器有分立元件的、集成电路的或混合集成电路的。它们的调节机构是利用晶体管的开关特性组成的开关电路。

（3）新型交流发电机

目前，一种新型交流发电机开始广泛应用在各种车辆上。这种新型交流发电机采用内装式风扇、内装式调节器和八管制全波整流，具有输出高、重量轻、结构紧凑等特点，具体结构如图 8-66 所示。

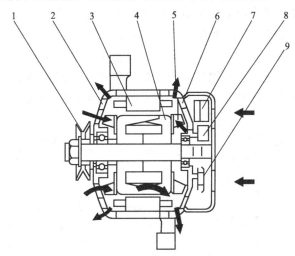

图 8-66　新型交流发电机结构及其冷却风路

1—带轮；2—前端盖；3—定子；4—转子；5—风扇；

6—后端盖；7—调节器；8—刷架；9—整流器

① 结构特点

a. 转子：为转向式，转子两侧安装有风扇，通风效果好。

b. 端盖：除支撑发电机转子和用来安装固定发电机外，在前、后端盖上还设计了许多孔，用来改善冷却性能，整流器、刷架、集成电路调节器等均用螺钉固定在后端盖上。

c. 定子：由定子线圈和定子铁芯组成，和定子前端盖组成一个整体，使定子产生的任何热量都由前端盖传导，大大改善了冷却特性。

d. 整流器：由八个硅二极管紧凑地组成一个整体，为了耗散输出电流引起的发热，在整流器表面设计有散热筋，用来改善散热性能，增加了中性二极管后，提高了交流发电机的输出。

e. 集成电路调节器：安装在交流发电机内部，由集成电路和混合电路组合成一个单块整体，采用混合电路的原因，是由于半导体集成电路对集成大容量的电容和电阻比较困难。

② 性能特点

a. 发电机冷却空气流动方向如图 8-66 箭头所示，其冷却特性有了很大改善，最终改善了发电机的输出性能。

b. 增加中性点二极管，即八管整流制，也就是在三相绕组的中性点和 B 端（输出端）以及正端（搭铁）之间分别增加一个二极管，如图 8-67 所示，这样，可以改善交流发电机的输出。

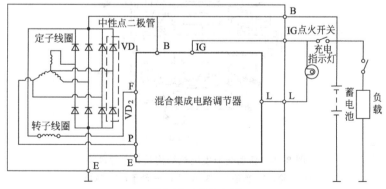

图 8-67　充电电路

以前，只简单认为中性点输出电压是直流输出电压的一半，而实际上，中性点电压由直流分量（输出电压之半）和交流电压分量叠加而成。其交流分量随发动机转速升高而增加。一般当交流发电机转速达到 $2000 \sim 3000 \mathrm{r/min}$ 时，中性点电压的峰值就开始超过输出电压 U_B，如图 8-68 所示。

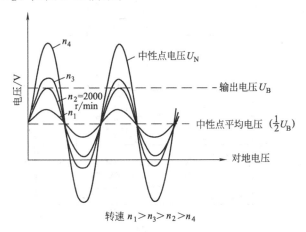

图 8-68　中性点电压的变化

当中性点电压超过直流输出电压时，二极管 VD_1 导通，超过输出电压的这一部分中性点波峰电压值将向负载供电，亦即增加了发电机的输出电流；当中性电压降到对地电压以下时，二极管 VD_2 开始导通，同样也增加了发电机的输出电流（图 8-69）。

二、启动系统

发动机的启动方法常用的有手摇启动和电动机启动两种。手摇启动方法简单，但操作不便，劳动强度大，除作为后备启动装置，或检修调整发动机时使用外，其他场合很少采用。电动机启动是以蓄电池为能源，由电动机把电能转换为机械能，通过齿轮副使发动机轴旋转，实现发动机启动，此法为大多数机动车采用。

1. 启动电机

启动电机由直流电动机、操纵机构和离合器机构三部分组成。关于直流电动机将在后面介绍。启动发动机所需启动功率可用下列

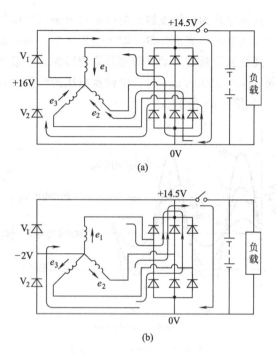

图 8-69　中性点二极管作用

经验公式确定。

汽油机 $P=(0.175\sim0.2)L$ （kW）

柴油机 $P=(0.17\sim1.6)L$ （kW）

式中，L 为发动机排量，指多缸发动机各气缸工作容积的总和。

机动车上使用的启动机按其操纵方式不同有直接操纵式和电磁操纵式（远距离操纵式）两种。直接操纵式是由驾驶员通过启动踏板和杠杆机构直接操纵启动开关，并使传动齿轮副啮合。电磁操纵式是由驾驶员通过启动开关（或按钮）操纵继电器而由继电器操纵启动机电磁开关和齿轮副或通过启动开关直接操纵启动机电磁开关和齿轮副。

当发动机开始工作之后，启动机应立即与曲轴分离，否则，随发动机转速的升高将使启动机大大超速，由此产生很大的离心力而使启动机损坏。离合机构能实现在启动时把启动机的动力通过飞轮传给发动机曲轴，一旦启动完毕，又使启动机和飞轮脱开。

2. 启动机使用注意事项

① 每次连续工作时间不能超过 5～15s，如果一次不能启动发动机需再次启动时，应停歇 2～3min，否则将引起电动机线圈过热，对蓄电池工作也不利。

② 启动机是在低电压大电流情况下工作的，导线要足够粗，各接点要接触紧固，否则因附加电阻增大而使启动机不能正常工作。

③ 启动机必须安装紧固可靠，和发动机飞轮应保持平行。

④ 启动机要配用足够容量的蓄电池，否则会造成启动机功率不足，而不能正常启动发动机。

⑤ 严禁在发动机工作或尚未停转时接通启动开关，以防驱动齿轮与飞轮齿环发生剧烈冲击，而造成齿轮副损坏。

⑥ 发动机启动后应立即松开启动按钮，使驱动齿轮与飞轮齿轮及时脱离，以减少离合器的磨损。

⑦ 冬季启动发动机时应采取预热措施，加装预热装置，以加热进入气缸的混合气体、冷却水和润滑油，常用的预热装置有以下两种。

a. 电热塞：安装在柴油机气缸盖上，每缸一个，加热气缸内的混合气体。

b. 热胀式电火焰预热器：该预热器通常安装在发动机的进气歧管上，由油路和电路两部分组成，预热器不工作时，其阀门闭死，油箱受热伸长，使阀门打开，燃油流入阀体受热汽化，呈雾状，喷离阀体后即被炽热的电阻丝点燃，形成 200mm 左右的火焰，预热进入进气管的空气，便于柴油机启动，当电路切断后，温度下降，阀体收缩，阀自动闭死，油路被切断。

三、蓄电池

1. 蓄电池的基本概念

蓄电池是储蓄电能的一种设备，它能把电能转化成化学能储蓄起来，当需要时又能把化学能转变为电能输出，变换的过程是可逆的。

根据可充电的次数分为一次电池和二次电池。一次电池（原电池）当化学变化的活性物质（即电池内的有效物质）全部作用完后，它的寿命即告终结，如各种干电池。二次电池（蓄电池）充放电的过程可以多次重复循环。

蓄电池根据电解液的性质分为酸性蓄电池和碱性蓄电池。酸性蓄电池的电解液为稀硫酸溶液，碱性蓄电池的电解液为氢氧化钾水溶液。蓄电池正极板的活性物质是二氧化铅，负极板的活性物质是海绵状碱性铅。

机动车辆常用的蓄电池是铅酸蓄电池，其主要优点是价格低、启动性能好，缺点是使用寿命短、体积和重量较大。铅酸蓄电池按其用途可分为启动用蓄电池和牵引用蓄电池两大类。

2. 蓄电池的结构

蓄电池主要由极板、隔板和电解液等几部分组成。

图 8-70 所示为 6V 蓄电池，它由三个单格电池组成，每个单格电池为 2V，其中装有极板组、隔板和电解液等。

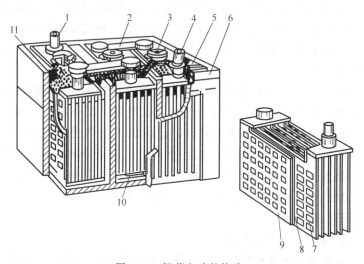

图 8-70　铅蓄电池的构造

1—负极柱；2—连条；3—加液孔盖；4—正极柱；5—壳盖；6—外壳；

7—正极板组；8—隔板；9—负极板组；10—肋条；11—封胶

（1）极板组　图 8-70 中的 7 和 9，每组均有数片极板分别平行焊在横板上，正极板的活性物质是深棕色 PbO_2，负极板上的活性物质是海绵状 Pb。在每个单格电池内，负极板的数量总比正极板多一片，原因是因为正极板强度较差，化学反应又较强烈，如两面放电不均极板易拱曲，如负极板多一片，就能保证每片正极板两面工作均匀。

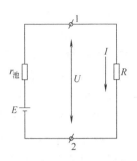

图 8-71　蓄电池负载回路

（2）隔板　夹在正、负极板之间，以防正、负极板相互接触而短路，其种类有木质隔板、微孔橡胶隔板、浸树脂纸质隔板、玻璃纤维隔板等。

（3）电解液　是由化学纯的硫酸和蒸馏水调配而成，在完全充电的蓄电池中，其密度为 $1.27 \sim 1.30 g/cm^3$。

（4）容器　为整体式结构，材料为硬橡胶或塑料。

3. 蓄电池的电压及容量

（1）蓄电池的电势　静止（不向外供电）状态下，单格电池电值称为蓄电池电势 E，E 值与极板上活性物质的电化性质和电解液浓度有关，而同板片的数量和大小无关，因此当极板活性物质固定后，其电势主要取决于电解液浓度。

$$E_O = 0.84 + r$$

式中，r 为 15℃时电解液在极板活性物质微孔中的密度；0.84 为铅酸蓄电池电势常数。

由此可知，电解液密度越大，电势也越高。蓄电池电解液的密度随存电状况的不同在 $1.12 \sim 1.31$ 之间变化，相应的电势值为 $1.96 \sim 2.15 V$，通常认为单格蓄电池电势为 2V。

（2）蓄电池端电压和内阻　当蓄电池两极接上一个负载电阻 R 时，电路内便有电流 I 通过，此时，在电池 1、2 两极上测得的电压已不是 E，而是 U，如图 8-71 所示。

$$U = E - Ir_{池}$$

式中，U 为蓄电池端电压，$r_池$ 为蓄电池内阻。蓄电池的内阻 $r_池$ 包括正、负极板内阻、隔板电阻以及连接导线电阻。正、负极板的内阻一般很小，但随极板的充、放电状况却有显著的变化。蓄电池放电后，极板表面生成一层硫酸铅，其多孔性能差，电解液不易渗入，内阻变大，充电过程中，正、负极板逐渐被还原成二氧化铅和海绵状纯铅，内阻逐渐减小。

电瓶车使用的牵引蓄电池由若干只每只电压为 2V 的单体蓄电池组成。电瓶车使用的电压为 24V、36V、48V 等多种。

4. 蓄电池的使用和保养

（1）蓄电池的正确选用　车辆上所用蓄电池已按要求选配好，换用新蓄电池时，必须符合原型号的电压、容量和外形尺寸。

（2）蓄电池的正确使用和保养　蓄电池的工作性能和使用寿命不仅决定于本身的结构和制造质量，而且与使用保养的好坏有关。使用不当，就会造成蓄电池早期损坏，使用注意事项如下。

① 加液孔盖的通气孔应保持畅通。新蓄电池加液孔盖上的通气孔常用蜡或塑料密封，使用前应启封。平时要经常检查通气孔，保证畅通。否则，在充、放电过程中，因化学反应产生的气体不能放出，会使蓄电池鼓爆。

② 经常保持蓄电池外部清洁和干燥。

③ 蓄电池的极柱要清洁，连接要牢固可靠，及时去除极柱和连接线头处的氧化物。

④ 防止蓄电池短路。严禁将任何金属器件放在蓄电池上。同时，还应及时清除蓄电池上的积水和污物。

⑤ 定期检查电解质液面的高度，其液面应比极板上的护板高出 10～15mm。过高，会使电解液外溢；过低，则极板上部露出，使极板硫化，蓄电池容量降低。如需添加电解液，最好在蓄电池充电时添加，以便使之混合均匀。

⑥ 蓄电池应经常充足电，如果存电不足，不仅电气性能不好，而且容易造成极板硫化，缩短使用寿命。蓄电池的放电程度，可用以下两种方法来检查：通过测量电解液密度来判断；用高频放电计

测量单格电池电压来判断。

⑦ 正确进行启动操作，启动发动机时，接通启动电机的时间不得超过 5s。如一次不能启动，应间隔 2～3min 后再启动。如连续三次不能启动的，应检查原因，排除故障后再启动。

⑧ 寒、暑季节应注意蓄电池的保温和隔热。

⑨ 正、负极不能接错。启动用蓄电池如极性接错，会烧坏交流发电机；牵引用蓄电池如极性接错有可能损坏控制装置。

⑩ 妥善保存。蓄电池如长期不用，应调整好电解液，充足电，清洗擦干放在通风、干燥、避光、温度不低于 0℃的室内。

5. 蓄电池的充电

蓄电池必须用直流充电。

(1) 充电方法　一般有定压法和定流法两种。

① 定压充电法：在充电过程中，加在蓄电池两端充电电压保持恒定（每单格电压为 2.4V 或 2.5V）的方法称为定压充电法。此法适用于紧急用普通充电，不适用于蓄电池的初充电和消除蓄电池的硫化充电。

② 定流充电法：是指充电电流保持恒定的充电方法。定流充电可以任意选择调整充电电流，以符合极板的化学变化规律。此法适应性大，能进行蓄电池的各种充电。但此法充电时间长，并需经常调节充电电流。

(2) 充电种类　根据蓄电池的不同技术状态，主要有以下四种类型的充电。

① 初充电：是指新蓄电池在使用之前的首次充电，初充电的好坏关系到蓄电池能否给出额定容量和保证使用寿命。

② 补充充电：启动用蓄电池每月至少进行一次补充充电，牵引用蓄电池每班都要进行补充充电。

③ 消除硫化充电：极板上生成的白色粗晶粒硫酸铅称为蓄电池硫化，此时，其内阻增大、容量变低、性能变差，通过小电流反复充放电，使极板上的粗晶粒硫酸铅溶解，活性物质复原。

④ 预防性过充电和锻炼循环充电：蓄电池往往由于充电不足

而停留在部分充电状态，长期在此状态下工作容易导致极板硫化，为此每隔三个月用补充充电的方法重复间隙性充电，直到最后一次充电在 2min 内即出现"沸腾"时为止。

（3）充电注意事项

① 严格按规范充电，若发现异常现象，先排除故障再充电。

② 充电时，将加液孔盖打开以便将气体充分逸出，保持充电场所通风良好。

③ 严防明火，防止火灾和氢气爆炸。

④ 充电时应设有记录簿，以备查考。

6. 其他电池

（1）干荷电蓄电池　这是一种为满足特殊需要而产生的铅蓄电池，极板用特殊配方和生产工艺制作组装后，严格密封。使用时，只要把符合规定的电解液注入电池，停放半小时后即可使用，不需初充电，在第一次使用后的充电和维护方法同一般启动用蓄电池。

（2）胶体电解质蓄电池　其电解质是用经过净化的硅酸钠溶液和硫酸水溶液混合后凝结成的稠厚的胶状物质。该蓄电池的特点是，使用维护、保管和运输都比较方便安全，寿命也可延长；但内阻较大，容量有所降低，自行放电量也远比一般蓄电池大。

（3）太阳能电池　是用光电转换装置把太阳能转换为电能的一种设备，没有任何污染，这种电池已经得到越来越广泛的应用，在未来的各种车辆上将得到更加普遍的应用。

四、电动机

电动机是利用电磁感应原理，把电能转换为机械能，输出机械转矩的原动机。根据所使用的电源的性质可分为交流电动机和直流电动机两大类。由于机动车辆使用的是直流电，所以车辆上使用的电动机基本上都是直流电动机。发动机的电启动机就是由直流电动机和其他附加机构组成的，电瓶车上原动机一般均为直流电动机。

1. 直流电动机结构

直流电动机的固定部分称为定子，包括主磁极、换向磁极、机座、端盖和刷架等几个部件。转动部分称为电枢，它包括电枢铁芯、电枢绕组、换向器、风扇和转轴等几个部件。

直流电动机的励磁方式有并励、串励、复励和他励。

电启动机的直流电动机为直流串励电动机（励磁绕组和电枢绕组串联），由于是短时间工作，且工作时电流很大，结构有以下特点。

① 为了增大启动机转矩，磁极数量较多，一般为4级或6级，磁极线圈和电枢绕组都是用较粗的铜线绕制而成。

② 电刷用铜和石墨粉压制而成，具有较小的电阻并可增加其耐磨性。

③ 启动机工作时间短暂，且是冲击性载荷，一般都采用青铜石墨轴承或铁基含油轴承。

电瓶车用直流电动机的励磁方式通常为串励或复励。复励电动机的主磁极上有两个励磁绕组，一个和电枢绕组并联，称并励绕组，一个和电枢绕组串联，称串励绕组，主磁通由这两个绕组中的电流共同产生。电瓶车行走电机多为串励电动机，工作泵电机多为复励电动机。

2. 电动机工作原理

电动机是根据通电导体在磁场中受到电磁力作用这一现象为基础而制成的。其工作原理如图8-72所示。将电动机的电刷与直流电源相接，电流由正电刷A流入，从负电刷B流出，绕组中电流方向由a至d［图（a）］，载流导体在磁场中受到电磁力的作用，产生了电磁转矩，方向用左手定则判定为逆时针，电枢也将按逆时针方向旋转。当电枢转过半周，如图（b）所示，电流方向由d至a，仍保持N和S极下绕组中电流方向不变，转矩方向也不变。实际

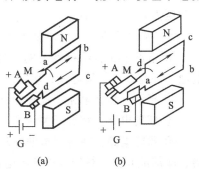

图8-72　直流电动机工作原理

上，电动机电枢上绕有很多线圈，整流子片数也随线圈的增多而相应增加。

电动机电磁转矩 M 的大小与电枢中的电流 I_s 以及磁通 ϕ 的乘积成正比，可表示为

$$M = C_m I_s \phi$$

式中，C_m 为电机常数，取决于电动机结构。

串励电动机电枢电流和励磁电流相同，磁通和励磁电流成正比关系，上式可转换为

$$M = K I_s^2$$

电磁转矩 M 近似地和电枢电流 I_s 的平方成正比，因此串励电动机有较大的启动转矩和过载能力。随着新工艺、新材料的采用的，电动机的性能大大提高，最大电流同额定电流的比值从原来的 2～2.5 提高到 3，最大转矩对额定转矩的比值提高到 4.5，从而大大提高了车辆的牵引能力和爬坡能力。

第三节 主电路与控制电路

电路大致分为主电路、监测电路和控制电路。主电路是发动机和附件操作的相关电路。监测电路包括监测器、传感器和开关，它显示机器操作情况。控制电路分为发动机、泵和阀控制电路，每个电路包括执行机构，如电磁阀、MC（主控制器）、开关盒、传感器和压力开关。

主电路的电路和主要功能如下。

① 电源电路：给机器上的电气系统提供电源［钥匙开关、蓄电池、保险丝（保险丝盒、熔线）、蓄电池继电器］。

② 指示灯检查电路：检查所有的指示灯灯泡是否亮。

③ 辅助电路：钥匙开关转到 ACC 位置时操作。

④ 预热电路：在冷天帮助发动机启动（钥匙开关、QOS 控制器、冷却液开关、热线点火塞继电器、热线点火塞）。

⑤ 启动电路：启动发动机（钥匙开关、启动器、启动继电器）。

⑥ 充电电路：给蓄电池充电（交流发电机、调节器）。

⑦ 浪涌电压防止电路：防止发动机熄火时形成浪涌电压（载荷速断继电器）。

⑧ 发动机熄火电路：用 EC 马达使发动机熄火（MC、EC 马达）。

一、电源电路

蓄电池的接地端子连接到机架。钥匙开关在 OFF 位时，蓄电池正极端子的电流流动如下所示（图 8-73）。

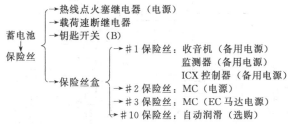

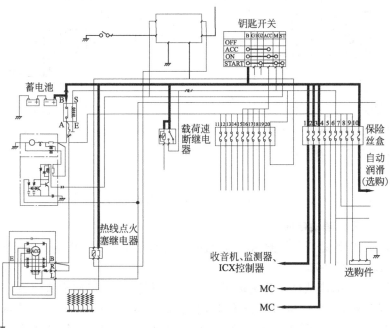

图 8-73　电源电路

二、指示灯检查电路

① 当钥匙开关转到 ON，钥匙开关内的端子 B 就同端子 ACC（备用）和 M 连接（图 8-74）。

② 来自钥匙开关端子 M 的电流启动蓄电池继电器。

③ 蓄电池电流通过蓄电池继电器和＃7 保险丝进入监测器控制器，检查指示灯灯泡。

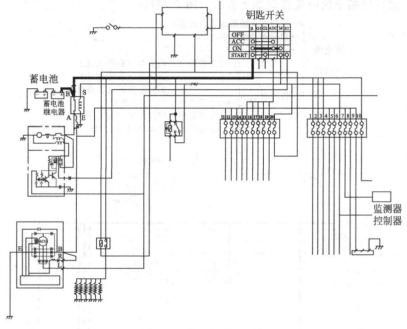

图 8-74　指示灯检查电路

三、辅助电路

① 钥匙开关转到 ACC 位置时，钥匙开关的端子 B 连接到端子 ACC（图 8-75）。

② 电流从钥匙开关端子 ACC 通过保险丝盒流向喇叭（＃15 保险丝）、收音机（＃16 保险丝）、灯（＃17 保险丝）、驾驶室灯（＃18 保险丝）和备用（＃19 保险丝），使每个附件都可工作。

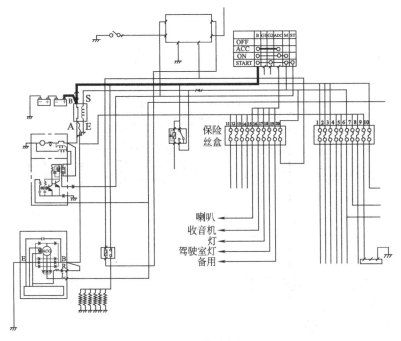

	B	G1	G2	A	D	C	M	ST
OFF								
ACC								
ON								
START								

保险丝盒

11 12 13 14 15 16 17 18 19 20

1 2 3 4 5 6 7 8 9 10

喇叭
收音机
灯
驾驶室灯
备用

图 8-75　辅助电路

四、预热电路

① 当钥匙开关转到 ON 或 START（启动）位置时，钥匙开关内的端子 B 连接到端子 M（图 8-76）。端子 M 的电流通过♯20 保险丝输送到 QOS 控制器♯1 端子。

② 当冷却液温度开关断开（冷却液温度为 10℃时），钥匙开关在 ON 或 START（启动）位置时，QOS 控制器♯4 端子连接到♯5 端子（接地）。

③ 热线点火塞继电器转到 ON，电流输送到热线点火塞以使预热开始。

④ 预热开始后，QOS 控制器♯6 端子与♯5 端子连接 8s，使预热显示器转到 ON（不进行预热时，预热显示器打开 2s 以进行显示器灯检查）。

即使进行过预热，发动机启动后还要持续预热 30s。

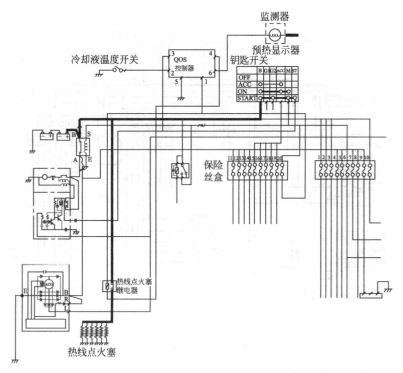

图 8-76　预热电路

五、启动电路

①钥匙开关转到 START（启动）位置时，钥匙开关内的端子 B 连接到端子 M 和 ST（图 8-77）。

②来自端子 M 的电流启动蓄电池继电器，蓄电池电流通过蓄电池继电器输送到启动器端子 B 和启动器继电器端子 B（图 8-78）。

③钥匙开关端子 ST 连接到启动器继电器端子 S（图 8-78），以使电流穿过启动器继电器线圈。

④启动器继电器转到 ON，使电流从启动器继电器端子 C 流到启动器端子 C（图 8-78）。

⑤启动器的继电器转到 ON 以使启动器开始运转。

⑥另一方面，来自钥匙开关端子 M 的电流作为一个信号通过

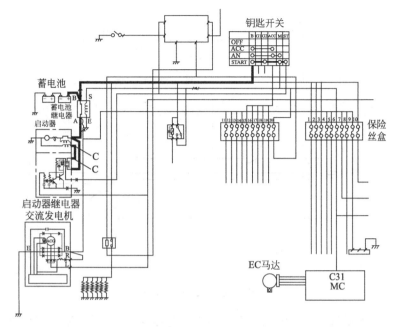

图 8-77　启动电路

♯6 保险丝流向 MC，显示钥匙开关处于 ON 还是处于 START
（启动）位置（图 8-77）。MC 一收到信号，就驱动 EC 马达将调速
杆移到发动机启动位置。

　　⑦ 钥匙开关转到 START（启动）位置时，钥匙开关端子 B
连接到端子 ST 以使电流通过启动器继电器内的电阻 R_4 流到晶体
管 VT_2 的基座（图 8-78）。然后，晶体管 VT_2 转到 ON，使电流流
到启动器继电器内的线圈 L。启动器端子 B 连接到端子 C，转动启
动器。

　　⑧ 发动机启动后，交流发电机开始发电，增加启动器继电器
端子 R 的电压（图 8-78）。当电压增加到 21～22V 时，稳压二极管
VS 转到 ON，晶体管 VT_1 也转到 ON。流入晶体管 VT_2 基座的电
流不流通，晶体管 VT_2 转到 OFF。此时，启动器端子 B 与端子 C
断开，使启动器关闭。

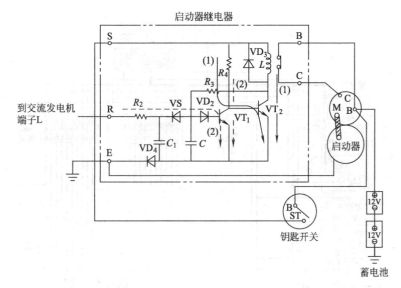

图 8-78　启动器继电器

如果蓄电池接线端子反向连接，电容器 C_1 则用于稳定工作电压，二极管 VD_4 用于保护油路（图 8-78）。

六、充电电路

① 发动机启动后，只要松开钥匙开关，它就移到 ON 位置。

② 钥匙开关端子 B 同钥匙开关内的端子 ACC 和 M 连接（图 8-79）。

③ 当交流发电机开始发电时，交流发电机端子 B 的电流通过蓄电池继电器输送到蓄电池，给蓄电池充电。

④ 电流从交流发电机端子 L 流向监测器控制器和 ICX 控制器，将交流发电机显示器关闭。

1. 交流发电机的操作

① 如图 8-80 所示，交流发电机包括励磁线圈 FC、定子线圈 SC 和二极管 VD。调节器包括晶体管（VT_1 和 VT_2）、稳压二极管 VS 和电阻（R_1 和 R_2）。

② 交流发电机端子 B 通过电路 B→R→RF→（R）→R_1 连接到晶体管 VT_1 的基座 B。

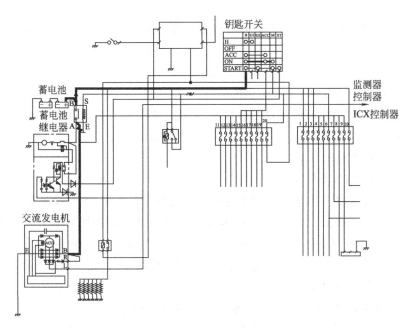

图 8-79　充电电路

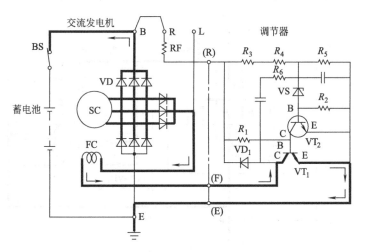

图 8-80　交流发电机电路

③ 当蓄电池继电器 BS 打开时，蓄电池电压施加于晶体管 VT$_1$ 的基座 B，以使集电极 C 连接到发射极 E。励磁线圈 FC 通过晶体管 VT$_1$ 接地。

④ 开始时，没有电流流过励磁线圈 FC。转子转动后，转子剩磁在定子线圈 SC 内产生交流电流。

⑤ 当电流开始流过励磁线圈 FC 时，转子进一步励磁使发电电压增加。因此，流过励磁线圈 FC 的电流增加，发电电压进一步增加，给蓄电池充电。

2. 调节器的操作

① 如图 8-81 所示，当发电电压超过稳压二极管 VS 的设定电压时，电流输送到晶体管 VT$_2$ 的基座 B，将集电极 C 连接到发射极 E。

② 流到晶体管基座 B 的电流消失，将晶体管 VT$_1$ 转到 OFF。

③ 没有电流流过励磁线圈 FC，定子线圈 SC 的发电电压下降。

④ 当发电电压下降到稳压二极管 VS 的设定电压以下时，晶体管 VT$_2$ 转到 OFF，使晶体管 VT$_1$ 再次转到 ON。

⑤ 电流流过励磁线圈 FC，定子线圈的发电电压增加。

重复上述操作以使交流发电机的发电电压保持稳定。

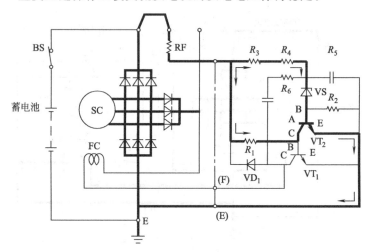

图 8-81　调节器操作电路

七、浪涌电压防止电路

① 如图 8-82 所示，发动机停止（钥匙开关：OFF）时，来自钥匙开关端子 M 的电流断开，将蓄电池继电器转到 OFF。

② 钥匙开关刚转到 OFF 后，发动机因惯性持续运转以使交流发电机持续发电。

③ 由于发电电流不能流向蓄电池，电路内产生浪涌电压，可能导致电子元件（如控制器）故障。为了防止浪涌电压的产生，装有浪涌电压防止电路。

④ 交流发电机发电时，发电电流从交流发电机端子 L 流到监测器控制器端子 A-2，以使监测器控制器的端子 C-3 接地。

⑤ 电流通过载荷速断继电器励磁电路，打开载荷速断继电器。载荷速断继电器的电流流入蓄电池继电器端子 S，激励蓄电池继电器，蓄电池充电使交流发电机发出的电流流入蓄电池。

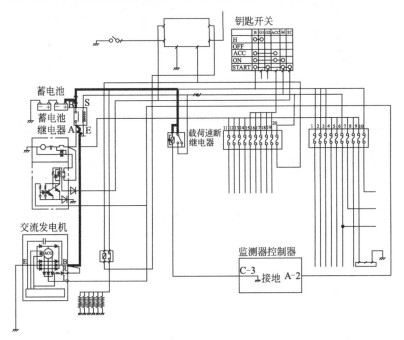

图 8-82　浪涌电压防止电路

⑥ 发动机运转时，即使钥匙开关转到 OFF，蓄电池电流通过载荷速断继电器持续激励蓄电池继电器，直到交流发电机停止发电。所以，蓄电池继电器一直处于 ON，使发电电流流到蓄电池。

八、发动机熄火电路

① 如图 8-83 所示，当钥匙开关从 ON 转到 OFF 时，显示钥匙开关在 ON 的信号电流停止从端子 M 流到 MC 的端子 C31。

② MC 驱动 EC 马达，使它转到发动机熄火位置。

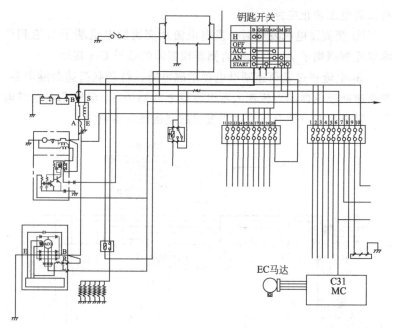

图 8-83　发动机熄火电路

第九章 维护保养与常见故障

挖掘机在使用过程中，由于多种因素的影响，机构和零部件会产生不同程度的自然松动和磨损，以及积物结垢和机械损坏，从而使机器的技术性能变差。如不及时对其进行必要的维护保养，不仅使机器的动力性和经济性变坏，甚至还会发生严重的机件损坏和其他事故，以致带来损失及危害。为了使机器始终保持完好的技术状况，做到安全、迅速地完成作业任务，杜绝重大事故发生，挖掘机驾驶员以及相关人员必须掌握挖掘机的维护保养及常见故障的排除等方面的知识。

第一节 维护保养的周期

由于挖掘机各总成的结构、负荷、材料强度、工作条件和使用情况的不同，磨损、损坏的程度与技术状况的变化以及需要保养的时间也不同，只有用合理的计量来正确反映挖掘机维护保养周期，才不致使保养次数过多或过少，造成浪费或事故性的损坏。

目前，主要以每台挖掘机工作小时数计量保养周期，通常称为工作台时。另外，还要特别注意特殊工作环境下，应给出特殊性的维护保养要求。

维护保养周期包括：每台启动前或收工后；新机 50h；50h；100h；250h；1000h，2000h；特殊环境。

第二节 维护保养项目及内容

一、每日启动前的维护保养

每日启动前的维护保养项目及内容见表 9-1。

表 9-1　每日启动前的维护保养项目及内容

检查项目	检查内容	检查项目	检查内容
燃油	检查、补加	操纵杆与先导手柄	检查、加油
液压油	检查、补加	柴油预滤器及双联精滤	检查、放水
发动机机油	检查、补加	风扇带张力	检查、调整
冷却液	检查、补加	空气滤清器	检查、清洁
仪表板和指示灯	检查、清洁	各润滑点	加润滑脂

二、新机器工作前 50h 的维护保养

新机器工作前 50h 的维护保养项目及内容见表 9-2。

表 9-2　新机器工作前 50h 的维护保养项目及内容

检查项目	检查内容	检查项目	检查内容
发动机机油	更换	螺栓和螺母	
发动机油滤清器滤芯	更换	驱动轮固定螺栓	
先导油滤清器滤芯	更换	行走马达、回转马达固定螺栓	检查、紧固
液压油回油滤清器滤芯	更换	支重轮、托轮固定螺栓	
液压油出油滤清器滤芯	更换	发动机固定螺栓	
燃油滤清器滤芯	更换	配重固定螺栓	

以上项目仅适用于新机器，以后按正常间隔周期进行维修保养。

三、每间隔 50h 的维护保养

每间隔 50h 的维护保养项目及内容见表 9-3。

表 9-3　每间隔 50h 的维护保养项目及内容

检查项目	检查内容	检查项目	检查内容
燃油箱	排放	动臂油缸上下端	
履带张紧	检查、调整	斗杆油缸上下连接销轴	
回转支撑	检查、加油	斗杆油缸上下端	
回转减速机油	检查、加油	铲斗油缸上下连接销轴	
空气滤清器	检查、清洁	铲斗油缸上下端	检查、加油
蓄电池及电解液	检查、补加	动臂与转台连接部	
各销轴及轴套	检查、加油	动臂与斗杆连接部	
动臂油缸上下连接销轴		斗杆与铲斗、摇臂连接部	
		连杆与铲斗连接部	

四、每间隔 100h 的维护保养

每间隔 100h 的维护保养项目及内容见表 9-4。

表 9-4　每间隔 100h 的维护保养项目及内容

检查项目	检查内容	检查项目	检查内容
液压油回油滤清器滤芯	更换	先导油滤清器滤芯	更换
液压油出油滤清器滤芯	更换		

连续使用液压破碎锤时才更换上述滤芯。

五、每间隔 250h 的维护保养

每间隔 250h 的维护保养项目及内容见表 9-5。

表 9-5　每间隔 250h 的维护保养项目及内容

检查项目	检查内容	检查项目	检查内容
发动机机油①	更换	行走马达、回转马达固定螺栓	
发动机油滤清器滤芯①	更换	支重轮、托轮固定螺栓	
液压油回油滤清器滤芯	更换	履带板固定螺栓	
液压油出油滤清器滤芯	更换	回转支撑固定螺栓	
先导油滤清器滤芯	更换	发动机固定螺栓	检查、紧固
空滤器内、外滤芯	更换	主泵固定螺栓	
螺栓和螺母	检查、紧固	中心回转体固定螺栓	
驱动轮固定螺栓		配重固定螺栓	

① 如果燃油含硫量大小 0.5％或用于低级发动机油,应缩短维修保养时间。

六、每间隔 500h 的维护保养

每间隔 500h 的维护保养项目及内容见表 9-6。

表 9-6　每间隔 500h 的维护保养项目及内容

检查项目	检查内容	检查项目	检查内容
散热器及冷却器	检查、清洁	回转减速机油	检查、加油
燃油滤清器滤芯	更换	行走减速机油	检查、加油

七、每间隔 1000h 的维护保养

每间隔 1000h 的维护保养项目及内容见表 9-7。

表 9-7　每间隔 1000h 的维护保养项目及内容

检查项目	检查内容	检查项目	检查内容
回转减速机油	更换	回转支撑及回转齿圈润滑油脂	更换
行走减速机油	更换		

八、每间隔 2000h 的维护保养

每间隔 2000h 的维护保养项目及内容见表 9-8。

表 9-8　每间隔 2000h 的维护保养项目及内容

检查项目	检查内容	检查项目	检查内容
液压油箱油①	更换	回油滤芯	检查、清洁
		冷却液	更换

① 最初 500h 更换液压油（使用液压破碎器时每 600h 更换液压油）。

九、需要时的维护保养

无论何时机器有问题，都应该对有关的项目进行维护保养（表 9-9）。

表 9-9　需要时的维护保养项目及内容

检查项目	检查内容	检查项目	检查内容
燃油系统		液压系统	
燃油箱	排放或清洁	液压油	加油或换油
柴油预滤器	排放或更换	液压油回油过滤器滤芯	更换
双联精滤	排放或更换	液压油出油过滤器滤芯	更换
润滑系统		先导油过滤器滤芯	更换
发动机油	换油	底盘	
发动机油过滤器	更换	履带张紧	检查、调整
冷却系统		铲斗	
冷却液	补加或更换	斗齿	更换
散热器	清洁散热器片	侧齿	更换
进气系统		连杆	调整
空气滤清器	更换	铲斗总成	更换

十、特殊情况下的维修保养

在特殊工作环境下作业，除进行正常维修保养外，还必须加以特殊的维修保养（表 9-10）。

表 9-10　特殊情况下的维护保养

工作环境	特殊维修保养
泥水、雨雪	作业前，检查各接头、螺塞的松紧度，作业后，冲洗机体，及时修复松动或脱落的螺栓、螺母，及时加注润滑油
海边	作业前，检查各接头、螺塞的松紧度，作业后，严格冲洗机体，清除盐分，容易生锈的部位更要擦洗干净，防止腐蚀
多灰尘	空气滤清器：每日清理 燃油系统：各滤芯每日清洗 散热器：清洁散热器片 液压油缸：清洁防尘圈、活塞杆

工作环境	特殊维修保养
多岩石	履带:检查履带及轨链节,及时拧紧松动的螺栓、螺母,履带张紧力较平常微松动 履带架:检查支重轮、张紧轮、驱动轮的安装螺栓并及时拧紧
严冬	燃油、润滑油按规定选用冬季用油,蓄电池完全充电,防止电解液冻结

第三节　常见故障诊断

挖掘机随着使用时间的不断增加,各运动零件会发生正常的自然磨损,在使用保养不当时会引起严重的不正常磨损,以致零件的正常配合关系遭到破坏。另外,零件的变形、腐蚀、紧固件的松动以及有关部位调整不正确,都会破坏机器原有技术状态。当技术状态恶化到一定程度后,便会出现某种程度反常现象或部分零件失去工作能力,使机器不能继续工作,此种现象称为机械故障。当机器发生故障后,通过分析、判断以及采取必要的方法找出故障发生的部位及原因,并予以排除,迅速恢复完好的技术状况,称为故障排除。

一、机械故障的一般现象

① 工作突变:如发动机突然熄火,启动困难,甚至不能发动,液压执行原件突然变慢等。

② 声响异常:如发动机敲缸响、气门脚响、液压泵响等。

③ 渗漏现象:如漏水、漏气、漏油等。

④ 过热现象:如发动机过热、液压油过热、液压缸过热等。

⑤ 油耗增多:如发动机机油被燃烧而消耗;燃油因燃烧不完全而漏掉等。

⑥ 排气异常:如气缸上窜机油,废气冒蓝色;燃料燃烧不彻底、废气冒黑烟等。

⑦ 气味特殊:如漏洒的机油被发动机烤干,电气线路过载烧焦的气味等。

⑧ 外观异常:如局部总成件振动严重,液压油缸杆颜色变暗等。

二、故障诊断的方法

1. 简易诊断法

简易诊断法又称主观诊断法，是依靠维修人员的视觉、听觉、触觉、嗅觉以及实践经验，辅以简单的仪器对挖掘机液压系统、液压元件出现的故障进行诊断，具体方法如下。

① 看：观察挖掘机液压系统、液压元件的真实情况。

一般有六看：一看速度，观察执行元件（液压缸、液压电动机等）运行速度有无变化和异常现象；二看压力，观察液压系统中各测压点的压力值是否达到额定值及有无波动；三看油液，观察液压油是否清洁，有无变质，油量是否充足，油液黏度是否符合要求，油液表面是否有泡沫等；四看泄漏，观察液压管路各接头处、阀块接合处、液压缸端盖处、液压泵和液压电动机轴端处等是否有渗漏和出现油垢；五看振动，观察液压缸活塞杆及运动机件有无跳动、振动等现象；六看产品，根据所用液压元件的品牌和加工质量，判断液压系统的工作状态。

② 听：用听觉分辨液压系统的各种声响。

一般有四听：一听冲击声，听液压缸换向时冲击声是否过大，液压缸活塞是否撞击缸底和缸盖，换向阀换向是否撞击端盖等；二听噪声，听液压泵和液压系统工作时的噪声是否过大，溢流阀等元件是否有啸叫声；三听泄漏声，听油路板内部是否有细微而连续的声音；四听敲击声，听液压泵和液压电动机运转时是否有敲击声。

③ 摸：用手摸液压元件表面。

一般有四摸：一摸温升，用手摸液压泵和液压电动机的外壳、液压油箱外壁和阀体表面，若接触2s时感到烫手，一般可认为其温度已超过65℃，应查找原因；二摸振动，用手摸内有运动零件部件的外壳、管道或油箱，若有高频振动应检查原因；三摸爬行，当执行元件、特别是控制机构的零件低速运动时，用手摸内有运动零件部件的外壳，感觉是否有爬行；四摸松紧程度，用手摸开关、紧固或连接的松紧可靠程度。

④ 闻：闻液压油是否发臭变质，导线及油液是否有烧焦的气味等。

简易诊断法虽然有不依赖于液压系统的参数测试、简单易行的优点，但由于个人的感觉不同、判断能力有差异、实践经验的多少和对故障的认识不同，判断结果会存在一定差异，所以在使用简易诊断法诊断故障有困难时，可通过拆检、测试某些液压元件以进一步确定故障。

2. 精密诊断法

精密诊断法又称客观诊断法，是指采用检测仪器和电子计算机系统等对挖掘机液压元件、液压系统进行定量分析，从而找出故障部位和原因。精密诊断法包括仪器仪表检测法、油液分析法、振动声学法、超声波检测法、计算机诊断专家系统等。

（1）仪器仪表检测法　这种诊断法是利用各种仪器仪表测定挖掘机液压系统、液压元件的各项性能、参数（压力、流量、温度等），将这些数据进行分析、处理，以判断故障所在。该诊断方法可利用被监测的液压挖掘机上配置的各种仪表，投资少，并且已发展成在线多点自动监测，因此它在技术上是行之有效的。

（2）油液分析法　据资料介绍，挖掘机液压系统的故障约有70%是由油液污染引起的，因而利用各种分析手段来鉴别油液中污染物的成分和含量，可以诊断挖掘机液压系统故障及液压油污染程度。目前常用的油液分析法包括光谱分析法、铁谱分析法、磁塞检测法和颗粒计数法等。

油液的分析诊断过程，大体上包括如下五个步骤。

① 采样：从液压油中采集能反映液压系统中各液压元件运行状态的油样。

② 检测：测定油样中磨损物质的数量和粒度分布。

③ 识别：分析并判断液压油污染程度、液压元件磨损状态、液压系统故障的类型及严重性。

④ 预测：预测处于异常磨损状态的液压元件的寿命和损坏类型。

⑤ 处理：决定液压油的更换时间、液压元件的修理方法和液压系统的维护方式等。

（3）振动声学法　通过振动声学仪器对液压系统的振动和噪声进行检测，按照振动声学规律识别液压元件的磨损状况及其技术状态，在此基础上诊断故障的原因、部位、程度、性质和发展趋势等。此法适用于所有的液压元件，特别是价值较高的液压泵和液压马达的故障诊断。

（4）超声波检测法　应用超声波技术在液压元件壳体外和管壁外进行探测，以测量其内部的流量值。常用的方法有回波脉冲法和穿透传输法。

（5）计算机诊断专家系统　基于人工智能的计算机诊断系统能模拟故障专家的思维方式，运用已有的故障诊断的理论知识和专家的实践经验，对收集到的液压元件或液压系统故障信息进行推理分析并作出判断。

以微处理器或微型计算机为核心的电子控制系统通常都具有故障自诊断功能，在工作过程中，控制器能不断地检测和判断各主要组成元件工作是否正常。一旦出现异常，控制器通常以故障码的形式向驾驶员指示故障部位，从而可方便准确地查出所出现的故障。

3. 故障诊断的顺序

应在诊断时遵循由外到内、由易到难、由简单到复杂、由个别到一般的原则进行。诊断顺序如下：查阅资料（挖掘机使用说明书及运行、维修记录等）、了解故障发生前后挖掘机的工作情况→外部检查→试车观察→内部系统油路布置检查（参照液压系统图）→仪器检查（压力、流量、转速和温度等）→分析、判断→拆检、修理→试车、调整→总结、记录。其中先导系统、溢流阀、过载阀、液压泵及滤油器等为故障率较高的元件，应重点检查。

以上诊断故障的几个方面，应根据不同故障具体灵活地运用，但是，进行任何故障的诊断，总是离不开思考和分析推理的。认真对故障进行分析，可以少走弯路，而对故障分析的准确性，却与诊断人员所具备的经验和理论知识的丰富程度有关。

第四节　常见故障排除

为了使挖掘机在使用过程中得到及时、快速的修复，现将挖掘机的故障大致分为如下几部分。

一、发动机故障与排除

发动机故障与排除见表 9-11。

表 9-11　发动机故障与排除

类型		故障原因	排除方法
柴油机不能启动	1. 启动电动机转速低或不转	①蓄电池电量不足或接头松弛 ②启动电动机炭刷、转子损坏 ③启动电动机齿轮不能嵌入飞轮齿圈内 ④保险丝烧损	①充电：旋紧接头，必要时修复接线柱 ②检修或更换 ③将飞轮转动一个位置，检查启动机安装情况 ④检修或更换
	2. 燃油系统不正常	①燃油箱中无油或油箱阀门未打开 ②燃油系统有空气，油中有水，接头处漏油、漏气 ③油路堵塞 ④输油泵不来油 ⑤喷油器不喷油或雾化不良，喷油器调压弹簧断，喷孔堵塞 ⑥喷油泵出油阀漏油，弹簧断裂，柱塞偶件磨损	①添加燃油，打开阀门 ②排除空气，更换柴油，检修漏油、漏气 ③检查管路是否畅通，清洗、更换柴油滤芯、滤网 ④检查输油泵进油管是否漏气；检修或更换输油泵 ⑤检修喷油器，并按规定压力调整喷油器校验器 ⑥研磨、修复或更换
	3. 气缸压缩压力不够	①气门间隙过小 ②气门漏气 ③气缸盖衬垫漏气 ④活塞环磨损，胶结，开口位置重叠 ⑤气缸磨损	①按规定调整 ②研磨气门 ③更换气缸盖衬垫，按规定拧紧气缸盖螺母 ④更换，清洗，调整 ⑤更换气缸套
	4. 其他原因	①气温太低，机油黏度过大 ②燃烧室或气缸中有水	①冷却系加注热水，使用启动预热，使用规定牌号机油 ②检查，修复，更换
机油压力不正常	1. 机油压力过低或无压力	①机油油面过低或变质 ②油管破裂，管接头未压紧漏油，机油压力表损坏 ③机油泵调压弹簧变形、断裂 ④机油泵间隙过大 ⑤机油泵垫片破损，集滤器漏气 ⑥压力润滑系统各轴承配合间隙过大 ⑦油路堵塞、松漏	①添加机油，更换机油 ②焊修，拧紧，更换 ③更换后再调整 ④修复或更换 ⑤更换，检修 ⑥检修、调整或更换 ⑦检查、拧紧

263

类型		故障原因	排除方法
机油压力不正常	2. 机油压力过高	①机油泵限压阀工作不正常,回油不畅	①检查并调整
		②气温低,机油黏度大	②暖车后自行降低,使用规定牌号机油
	3. 摇管轴处不上机油	上气缸盖油路和摇臂轴支座部的油孔阻塞	清洗,疏通
排气管冒烟不正常	1. 排气冒黑烟	①喷油器积炭堵塞,针阀卡阻	①检查、修复,更换调试
		②负荷过重	②调整负荷,使之在规定范围内
		③喷油太迟,部分柴油在排气过程中燃烧	③调整喷油泵提前角
		④气门间隙不正确,气门密封不良	④检查气门间隙、气门密封工作面、气门导管等,并调整修理
		⑤喷油泵各缸供油不均匀	⑤调整各缸喷油量
		⑥空气滤清器阻塞,进气不畅	⑥清洗或更换空气滤清器
	2. 排气冒白烟	①喷油压力太低,雾化不良,有滴油现象	①检查、调整或更换喷油器偶件
		②发动机温度过低	②使发动机至正常温度
		③气缸内渗入水分	③检查气缸盖衬垫
	3. 排气冒蓝烟	①活塞环磨损过大,或因积炭弹性不足,导致机油窜入气缸燃烧室	①清洗或更换活塞环
		②机油油面过高	②放出多余机油
		③气环上方方向装错	③按规定装配
功率不足		①柴油滤清器或输油泵进油管接头滤网堵塞	①清洗或更换
		②喷油器压力异常或雾化不良	②检修喷油器或更换喷油器偶件
		③喷油泵柱塞偶件磨损过度	③调整供油量,检修、更换柱塞偶件、出油阀偶件
		④调速器弹簧松弛,未达到额定转速	④在油泵试验台上调整高速限位螺钉,更换调速弹簧
		⑤燃油系统进入空气	⑤排除燃油系统内空气
		⑥喷油提前角不正确	⑥按规定调整
		⑦各缸喷油量不正确	⑦在油泵试验台上调整
		⑧空气滤清器不畅	⑧清洁或更换滤芯
		⑨气门漏气	⑨检查气门间隙、气门弹簧、气门导管、气门密封工作面,酌情修理

类型	故障原因	排除方法
功率不足	⑩压缩压力不足	⑩见本表柴油机不能启动
	⑪配气定时不对	⑪凸轮磨损过度,正时齿轮键磨损,修理或更换
	⑫喷油器孔漏气	⑫更换铜垫,清理孔表面,拧紧喷油器压板
	⑬气缸盖螺母松	⑬按规定扭紧力矩拧紧
不正常响声	①供油提前角过大,气缸内产生有节奏的金属敲击声	①按规定调整供油提前角
	②喷油器滴油和针阀咬住,突然发出"嗒嗒"的声音	②清洗,在喷油器试验台上调整,更换针阀偶件
	③气门间隙过大,产生清晰有节奏的敲击声	③按规定调整气门间隙
	④活塞碰气门,发出沉重而有节奏的均匀的敲击声	④适当放大气门间隙,修正连杆轴承的间隙或更换连杆衬套
	⑤活塞碰气缸盖底部,可听到沉重有力的敲击声	⑤检查曲柄连杆机构的运转情况,酌情修复
	⑥气门弹簧断、气门推杆弯曲、气门挺杆磨损,使配气机构发出轻微敲击声	⑥更换弹簧、推杆或挺杆等,并调整气门间隙
	⑦活塞与气缸套间隙过大的响声,随发动机温度上升而减轻	⑦酌情更换气缸套、活塞和活塞环
	⑧连杆轴承间隙过大,当转速突然降低,可听到沉重有力的撞击声	⑧检查曲轴连杆轴颈,更换连杆轴承
	⑨连杆衬套与活塞销间隙过大,此种声音轻微而尖锐,怠速时尤为清晰	⑨更换连杆衬套
	⑩曲轴止推垫片磨损,轴向间隙过大,怠速时出现曲轴前后游动敲击声	⑩更换曲轴止推垫片
振动严重	①各缸供油不均匀,个别喷油器雾化不良,个别缸漏气严重,压缩比相差较大等	①检验喷油泵,校验喷油器,消除漏气故障,分析影响压缩比的原因并修复
	②柴油中有空气和水	②排空气体,沉淀后放水
	③柴油机工作异常,敲缸	③校正供油提前角
柴油机过热	①水泵损坏,风扇带打滑,水箱与风扇位置不当,节温器失效,冷却系统管路受阻或堵塞,水套内水垢过厚,水泵排量不足,水量不足,气缸盖衬垫受损使燃气进入水道	①检修水泵,调整风扇带张紧程度或更换带,检查水箱安装位置,检查节温器工作情况,检查管路通道,清洗冷却系统及水套,检查水泵叶轮间隙,加满水箱,更换气缸盖衬垫

类型	故障原因	排除方法
柴油机过热	②燃油窜入曲轴箱,机油进水使机油稀释变质,机油不足或过多,轴承配合间隙过小	②检查气缸与活塞环磨损情况及工作情况,酌情修理,查清机油进水原因并修理,更换机油,检查油面,调整轴承配合间隙
机油耗量过大	①机油黏度低,牌号不对	①换用规定牌号的机油
	②活塞环与气缸套磨损过大,油环的回油孔堵塞	②更换,清洗回油孔
	③活塞环胶结,气环上下装反	③清洗,调换
	④曲轴前后油封、油底壳结合平面、气缸盖罩、侧盖等密封处漏油	④检查和整修,或更换有关零件
	⑤机油滤芯胶垫及机油管路漏油	⑤检修
转速剧增	①拉杆卡死在大油量位置,调速器失去作用	①拆修调速器及调速器拉杆
	②调速器滑动盘轴套卡住	②检修
	③调节臂从拨叉中脱出	③检修
	④机油过多	④检修气缸套活塞环等
自行停车	①油路中断,油路进入空气,输油泵不供油,柴油滤芯、滤网阻塞	①放空气,检修输油泵,清洗滤芯、滤网
	②活塞与气缸抱死	②配合间隙不对,冷却系统有故障或严重缺水,检修更换
	③曲轴颈或连杆轴颈与轴瓦抱死	③缺机油或润滑系统有故障,检修更换
	④喷油泵出油阀卡死,柱塞弹簧断裂,调速器滑动盘轴套卡住	④在油泵试验台上调试及更换配件
游车	①各缸供油量不均匀,喷油器滴油,拉杆拨叉螺钉松动	①在油泵试验台上调整各缸供油量,在喷油器校验台上调整喷油器或更换针阀偶件,紧固拨叉螺钉
	②喷油泵供油拉杆拨叉与柱塞调节臂间隙过大,调速器钢球及滑动盘磨损出现凹痕,滑动盘轴套阻滞	②在油泵试验台上调试,更换零件
	③喷油泵凸轮轴向移动间隙过大	③用铜垫片调整
机油油面升高	①气缸套水封圈损坏	①更换水封圈
	②气缸盖衬垫漏水	②更换气缸盖衬垫
	③气缸盖或机体漏水	③检修、更换

二、液压系统故障与排除

液压挖掘机液压系统故障初步诊断内容如下。

液压系统故障的初步诊断
- 液压系统总流量不足
  - 发动机功率不足，转速偏低
  - 液压泵磨损使供油不足，液压泵变量机构失灵
  - 管路及滤清器堵塞，通油不畅
  - 油箱缺油
- 液压系统工作油压低
  - 液压泵磨损内泄，供油压力低
  - 溢流阀调整不当，阀芯活或发卡
  - 主操作阀磨损间隙过大或发卡
- 液压系统内泄漏
  - 液压泵内泄
  - 液压缸、液压电动机内泄
  - 控制阀内泄
- 液压系统外泄漏
  - 液压附件漏油
  - 液压泵、控制阀密封损坏，漏油
  - 液压缸、液压电动机漏油
- 液压系统振动和噪声
  - 油缸中进空气、液压泵吸油口进空气、粗滤器堵塞
  - 液压泵密封失灵进空气、轴承或旋转体损坏
  - 溢流阀工作不良
  - 液压电动机内部旋转体损坏
  - 控制阀失灵
  - 硬油管固定不良、系统回油不畅

液压系统故障与排除见表 9-12。

表 9-12　液压系统故障与排除

类　型		故　障　原　因	排　除　方　法
液压系统方面	1. 油泵、油马达、油缸各种阀过热	①系统压力太高	①调整安全阀压力到合适
		②卸载阀压力太高	②调整卸载阀压力到合适
		③油脏或供油不足	③清洗或更换滤清器，检查油的黏度，使蓄能器油面高度合适
		④油冷却系统故障	④检查或更换元件
		⑤油泵效率过低	⑤检查或更换元件
		⑥油泵吸空	⑥更换滤清器，清洗被阻塞的入口管道，清洗蓄能器通气口，更换工作油，调整泵速

类 型		故 障 原 因	排 除 方 法
液压系统方面	1. 油泵、油马达、油缸各种阀过热	⑦油内有空气混入	⑦拧紧易漏接口,使蓄能器油面高度合适,排出系统中空气,更换泵轴的密封
		⑧油泵超载工作	⑧调整工作载荷,使泵和系统负荷一致
		⑨元件磨损或损坏	⑨检查或更换元件
	2. 油泵噪声太大	①吸空	①更换滤清器,清洗被阻塞的入口管道,清洗蓄能器的通气口,更换工作油,调整泵速
		②油内有空气	②拧紧接口,使蓄能器油面高度合适,排出系统中空气,更换密封
		③连接松动或错位	③调整好位置并紧固,检查密封和轴承
		④磨损或损坏	④检查或更换
	3. 马达杂音	①连接松动或错位	①调整好位置并紧固,检查密封和轴承
		②磨损或损坏	②检查或更换
	4. 安全阀有杂音	①开启压力或传到下一个阀的压力调得太高	①调整安全阀压力到合适
		②阀门或阀座磨损	②检查或更换元件
	5. 系统无油	①油泵不吸油	①更换滤清器,清洗被阻塞的入口管道,清洗蓄能器的通气口,更换系统的油,调整泵速
		②驱动装置失效	②电动机或柴油机应修复或更换,检查电气线路
		③油泵与驱动机构的连接切断	③更换或调整
		④驱动油泵的电动机反接	④调换线路接头
		⑤油泵的进、出口接反	⑤改变进、出口接头
		⑥油从安全阀返回	⑥调整安全阀压力,检查或更换元件
		⑦油泵已损坏	⑦检查或更换
	6. 系统中供油不足	①流量控制阀调整不当	①按需要重新调整
		②安全阀或卸载阀调整不当	②重新调整
		③系统外漏	③紧固连接接头,从系统中排出空气
		④液压元件磨损	④检查并更换
	7. 系统油量过大	流量控制阀调整不当	按需要重新调整

类　型	故　障　原　因	排　除　方　法
8. 系统中没有压力或压力过低	①没有油 ②油量太低 ③减压阀调整不当 ④外漏严重 ⑤减压阀磨损或损坏	①更换滤清器,清洗被阻塞的入口管道,清洗蓄能器通气口,更换工作油,调整泵速 ②按需要重新调整 ③重新调整 ④紧固接头,从系统中排出空气 ⑤检查并更换
9. 压力不稳	①油中有空气 ②安全阀磨损 ③油脏 ④液压元件磨损	①拧紧易漏接口,把蓄能器的油充满到合适位置,排出空气,更换密封 ②检查并更换 ③清洗或更换粗滤器和精滤器,排出脏油,冲洗并换新油 ④检查并更换
10. 压力太高	安全阀或卸载阀调整不当或磨损	重新调整到合适,检查或更换
11. 油缸、油马达不动作	①没有油或没有压力 ②顺序阀或变量机构磨损 ③机械部分故障 ④油缸、油马达磨损或损坏	①更换滤清器,清洗被阻塞的入口管道,清洗蓄能器通气口,更换工作油,调整泵速 ②调整和更换 ③检查机械部分 ④检查或更换
12. 油缸、油马达动作缓慢	①流量太低 ②油的黏度太大 ③压力不足 ④联动装置润滑不良 ⑤油缸、油马达磨损或损坏	①按需要重新调整 ②提高油温,若黏度不合适,应换油 ③按需要重新调整减压阀 ④清除脏物并加润滑油 ⑤检查并更换
13. 工作装置运动不稳	①压力不稳定 ②油中混入空气 ③联动装置润滑不良 ④油缸、油马达磨损或损坏	①检查或更换安全阀,清洗滤油器换新油 ②拧紧接头,使蓄能器油面高度合适,排出空气,更换密封件 ③清除脏物并加润滑油 ④检查并更换
14. 工作速度过快	流量过大	重新调整流量控制阀

液压系统方面

类　型	故　障　原　因	排　除　方　法
液压系统方面	15. 油的泡沫太多	①油品种不对或黏度不合适	①排出油液,冲洗系统,再注新油
		②油频繁地通过安全阀	②调整安全阀使压力合适
		③安全阀磨损或损坏	③检查并更换
	16. 回油压力突然升高,管接头爆坏	背压阀阀芯卡死	拆检或更换
	17. 管路剧烈振动	①液压系统中有空气	①拧紧接头,使蓄能器油面高度合适,排出系统中空气,更换密封件
		②工作油不足	②检查并加油
		③管路没有用压板固定	③加固定压板
		④背压阀阀芯不灵活或卡死	④拆检或更换
工作装置方面	1. 载荷自动降落	①油缸漏油或磨损	①修复或更换
		②油缸控制阀杆串通	②更换阀装置
	2. 铲斗和动臂回路油压低	①安全阀损坏、磨损或调整不当	①检查、修理或更换
		②油缸串油	②更换油缸密封元件
		③油泵磨损	③修复或更换
	3. 油缸抖动	①油位太低	①加油到合适位置
		②活塞杆衬垫太紧	②调整到合适
		③活塞与油缸配合太松	③检查修复或更换
		④活塞杆弯曲	④拆开油缸,全部检修
	4. 当阀从中间位置移动时载荷下降	①单向阀污染	①清洗并检查滤清器
		②单向阀阀座损伤	②修复或更换
	5. 操纵阀芯有卡住倾向,操作困难	①油温太高	①检修液压系统
		②系统太脏	②排除系统中油,清洗并更换
		③油压太高	③调整到合适
		④阀芯弯曲	④更换
		⑤联动装置束缚	⑤检查并修复
		⑥操纵装置磨损或损坏	⑥修复或更换
		⑦系统温度太低	⑦适当提高油温
	6. 操作手柄不能定位	①磨损或损坏	①修复或更换
		②振动太大	②清除振源
		③阀芯的行程受阻	③检查并重新调整联动装置

类 型		故 障 原 因	排 除 方 法
工作装置方面	7. 铲斗提升太慢	①变量机构或操纵阀不能正确动作,而使油泵处于最大流量位置 ②油泵流量不够 ③安全阀调整压力太低 ④油泵磨损或损坏	①检查、调整、修理或更换变量装置 ②检查油泵吸油泄漏量 ③调整到合适 ④修理或更换
	8. 铲斗在保持位置自动倾斜	①操纵阀杆不在正确的中间位置 ②油缸密封衬垫损坏	①调整到正确的中间位置 ②更换
制动系统方面	1. 制动太慢	①制动管路损坏 ②制动控制阀调整不当 ③系统油压太低 ④系统油位太低	①更换 ②调整到合适 ③检查系统动作 ④加油到合适位置
	2. 不能制动	①制动操纵阀失灵 ②制动管路有故障	①修复或更换,检查油路压力 ②更换
	3. 制动脱不开	制动控制调整不当或失效	调整、修理或更换
	4. 紧急制动不能完全脱开	①传动压力不足 ②管路流通不畅 ③制动油缸或联动装置损坏	①检查系统的工作情况 ②检查供油软管 ③修复或更换
软管部分	1. 管壁脆裂	温度太高	更换软管,增设保护装置
	2. 管内壁裂缝但在室温下柔软	温度太低	更换软管,在操作前给系统预热
	3. 使用时间不长出现破裂	软管与工作压力不适应	更换与系统相应压力的软管
	4. 软管表层破裂	软管受摩擦或金属丝受腐蚀	排除障碍物,重新布置或更换软管
	5. 使用时间不长后弯曲处破裂	弯曲半径不合适	按正确的弯曲半径重新装设新管
	6. 扭转处破裂	软管太紧	消除过紧力,重新装设新管
	7. 软管见油膨胀	软管类型不合适	更换耐油软管

三、电气故障诊断

电气故障诊断见表 9-13、表 9-14。

表 9-13　故障信息

故障信息	发动机不启动(发动机不转动)
有关信息	在发动机启动电路中提供下列发动机启动锁定机构:发动机启动锁定,利用安全锁定操作杆

表 9-14　推测的原因和正常状态下的标准值及故障诊断的参考值

原　　因	正常状态下的标准值和故障诊断的参考值		
1. 蓄电池容量不足	蓄电池电压	蓄电池电解液相对密度	
	高于 24V	高于 1.6	
2. 保险丝 ♯3 和 ♯18 以及保险丝 A35 有故障	当保险丝烧断时,电路中的接地故障很可能发生 如果监控器面板上的监控灯不亮,应检查蓄电池和特定保险丝之间的电源电路		
3. 发动机启动开关故障(内部断路)	将发动机启动开关旋到 OFF 以便做准备,在故障诊断期间使它保持在 OFF 位置		
	H15(阳)	位置	电阻
	在①和④之间	OFF	1MΩ 以上
		启动	1Ω 以下
4. 安全锁定开关故障(内部短路)	将发动机启动开关旋到 OFF 以便做准备,在故障诊断期间使它保持在 OFF 位置		
	S14(阴)	锁定杆	电阻
	在①和③之间	松	1Ω 以下
		锁定	1MΩ 以上
5. 发动机启动马达切断继电器 R11 和 R13 有故障(内部断路或短路)	将发动机启动开关旋到 OFF 以便做准备,在故障诊断期间使它保持在 OFF 位置		
	R11(阴)和 R13(阳)		电阻
	在①和②之间		100~500Ω
	在③和⑤之间		1MΩ 以上
	在④和⑥之间		1Ω 以下
6. 发动机启动马达故障(内部断路或短路)	将发动机启动开关旋到 OFF 以便做准备,在故障诊断期间保持发动机运转[如果所有电源、接地(GND)、发生的信号和发动机启动输入全部正常,而只有发动机启动输入不正常,则发动机启动马达继电器有故障]		
	安全继电器	发动机启动开关	电压
	电源:在 B 端子和接地之间		20~30V
	接地:在 E 端子和接地之间		连接
	产生信号:在 R 端子(A27②)和接地之间		1V 以下
	发动机启动输入:在 C 端子和接地之间	启动	20~30V
	发动机启动输出:在 S 端子(A27①)和接地之间		20~30V

原　因	正常状态下的标准值和故障诊断的参考值		
7. 发动机启动马达故障(内部断路或损坏)	将发动机启动开关旋到 OFF 以便做准备,在故障诊断期间保持发动机运转[如果所有电源、接地(GND)、产生的信号和发动机启动输入全部正常,而只有发动机启动输出不正常,则发动机启动马达继电器有故障]		
	发动机启动马达	发动机启动开关	电压
	电源:在 B 端子和接地之间	启动	20～30V
	发动机启动输入:在 C 端子和接地之间		20～30V
8. 交流发电机故障（内部短路）	将发动机启动开关旋到 OFF 以便做准备,在故障诊断期间使开关保持在 ON 位置或保持运转		
	E12(阳)	电压	
	在①和接地之间	1V 以下	
9. 导线线束断开(与连接器脱开或接触不良)	将发动机启动开关旋到 OFF 以便做准备,并在故障诊断期间使它保持在 OFF 位置		
	在 FB1～18 引出端和 H15(阴)①之间导线线束	电阻 1Ω 以下	
	由 H15(阴)④到 J01 到 R11(阴)⑤的导线线束	电阻 1Ω 以下	
	在 R11(阴)③和 A27(阴)①之间导线线束	电阻 1Ω 以下	
	在发动机启动马达继电器 C 端子和发动机启动马达 C 端子之间导线线束	电阻 1Ω 以下	
	在 FB1～3 和 S14(阴)①之间导线线束	电阻 1Ω 以下	
	在 S14(阴)③和 R11(阴)①之间导线线束	电阻 1Ω 以下	
	在 R11(阴)②和 R13(阴)⑥之间导线线束	电阻 1Ω 以下	
	由 R13(阴)③到 J04 到接地的导线线束	电阻 1Ω 以下	
10. 导线线束接地故障（与接地电路接触）	将发动机启动开关旋到 OFF 以便做准备,并在故障诊断期间使它保持在 OFF 位置		
	由蓄电池继电器 B 端子(A23)到 A35 到 FB1～18 和接地的导线线束间	电阻 1MΩ 以上	
	在 FB1～18 和 H15(阴)①及接地之间导线线束	电阻 1MΩ 以上	
	由 H15(阴)④到 J01 到 R11(阴)⑤和接地的导线线束间	电阻 1MΩ 以上	
	在 R11(阴)③和 A27(阴)①和接地之间的导线线束	电阻 1MΩ 以上	
	发动机启动马达继电器 C 端子和发动机启动马达 C 端子及接地之间的导线线束间	电阻 1MΩ 以上	
	FB1～3 和 S14(阴)①及接地之间的导线线束间	电阻 1MΩ 以上	
	S14(阴)③和 R11(阴)①及接地之间的导线线束间	电阻 1MΩ 以上	
	由 R13(阴)②到 J05 到 P02(阴)⑭和接地的导线线束间	电阻 1MΩ 以上	
11. 导线线束短路(与24V电路接触)	将发动机启动开关旋到 OFF 以便做准备,并在故障诊断期间使它保持在 OFF 位置		
	在 A27(阴)②和 E12(阴)①之间导线线束,或由 27(阴)②到 J02 到 D01(阴)⑥的导线线束,或 A27(阴)②和 P02(阴)⑪及接地之间的导线线束间	电压 1V 以下	

发动机启动、熄火和蓄电池充电的电路如图 9-1 所示。

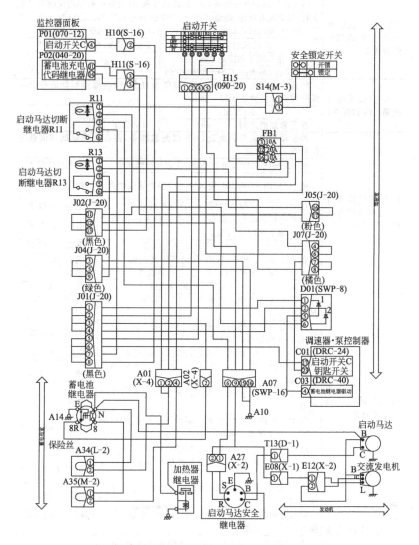

图 9-1　发动机启动、熄火和蓄电池充电的电路

四、整机故障与排除

整机故障与排除见表 9-15。

表 9-15　整机故障与排除

类　型	故 障 原 因	排 除 方 法
1. 功率下降	①柴油机输出功率不足 ②油泵磨损 ③分配阀或主溢流阀调整不当 ④工作油量不足 ⑤吸油管路吸进空气	①检查修理 ②检查更换 ③调整压力到合适 ④从油质系、统泄漏、元件磨损等方面检查 ⑤排出系统中空气，紧固接头，检查和更换密封
2. 作业不良	①油泵出现故障 ②油泵排油量不足	①检查或更换 ②检查油质、油泵的磨损、密封等，必要时更换
3. 回转压力不足	①缓冲阀调整压力下降 ②油马达性能下降 ③回转轴承损坏	①调整压力到合适 ②检查更换 ③更换
4. 回转制动失灵	①缓冲阀调整压力下降 ②油马达性能下降	①调整压力到合适 ②检查更换
5. 回转时异音	①大、小齿轮油脂不足 ②油马达性能下降	①加润滑脂 ②检查更换
6. 行走力不足	①溢流阀调整压力低 ②缓冲阀调整压力低 ③油马达性能下降 ④中央回转接头密封损坏	①调整压力到合适 ②调整压力到合适 ③检查或更换 ④更换
7. 行走不轻快	①履带内有石块等杂物夹入 ②履带板张紧过度 ③缓冲阀调整压力不合适 ④油马达性能下降	①除去杂物调整 ②调整到合适 ③调整压力到合适 ④检查更换
8. 行走时跑偏	①履带张紧左右不同 ②油泵性能下降 ③油马达性能下降 ④中央回转接头密封损坏	①调整 ②检查或更换 ③检查或更换 ④更换

第十章 安全操作

随着挖掘机的使用者越来越多，在使用过程中不遵守安全操作规程以致造成事故的情况也屡见不鲜，因此，对挖掘机驾驶员进行安全教育，提高广大驾驶员安全操作意识和自觉性，以减少事故的发生，对维护国家财产和人民生命安全、维护正常的社会秩序、工作秩序和生活秩序是非常有益的，也是非常必要的。

第一节　提高安全操作意识

统计表明，80％以上的重大事故，其发生的主要原因都是由于操作者安全意识低，不采取安全保护，违反安全规程。为了大幅度降低伤亡事故与职业危害，首先要树立牢固的遵章守纪的思想，提高安全操作意识。

一、驾驶员心理活动的基本规律

发现外界刺激信息→经过大脑的分析和综合、判断和推理→作出行动的对策。注意力与刺激信息有密切的关系，注意力越强，越能捕捉到外界微弱的信息。所以注意力是接受外界信息的前提，驾驶员的行动对策是对信息的分析、综合、判断、推理的结果。

二、注意

注意是人的心理活动对客体的指向和集中。指向性是心理活动的选择性。由于这种选择性，人在同一时间内只反映客观事物中某些事物。集中性指心理活动深入于某些事物而撇开其他事物。由于注意，可以使事物在人脑中获得最清晰和最完全的反映。没被注意的事物，就感知得比较模糊了。注意对人有巨大意义，它能使人及时地集中自己的心理活动，以便清晰、迅速、深刻地反映客观事物，同时提高观察、记忆、想象、思维等能力。

1. 无意注意

这是一种不受人的意志支配，形式比较低级的注意。巨大的声响、新奇事物等都能引起驾驶员的注意，这就属于无意注意。无意注意既无特别目的，也不需主观努力。一般情况下，驾驶员在操作时，车外环境千变万化，各种强烈刺激也都很多，如果不能控制自己，操作时东张西望，是非常危险的。另外，只要是驾驶员感兴趣的事物，很容易引起无意注意。

2. 有意注意

有意注意是指有自觉目的，必要时还需一定主观努力的注意。人的有意注意是在生活实践中发展起来的。例如，挖掘机驾驶员在行驶时必须留心调车员的信号就是有目的、有意识的注意，即使疲倦了还要强迫自己去注意，所以要求一定经过主观努力，这样的注意便是有意注意。引起有意注意的事物，并不一定强烈或新奇。之所以引起驾驶员的有意注意，是因为它与安全驾驶有关。例如，发动机的响声驾驶员常常听，早已没有什么新奇可言，但是因为从声响变化中可以了解发动机的运转情况，与机动车的安全行驶、安全作业有关，所以仍然引起了驾驶员的有意注意。

3. 注意力的集中

注意力的集中是指人的心理活动集中在一个目标上。驾驶员的注意力如果真正集中了，那么他的注意力就只倾注于一个对象——开车。车子在运动时，车内外环境瞬息万变，只要思想稍微开一下小差，就有可能出事。不过，要求驾驶员长时间毫无动摇地把注意力集中在一个对象上，也是不现实的，据研究资料表明，当驾驶员把注意力集中在一个对象上，注意实际也发生周期性的动摇，即一会儿注意，一会儿不注意。驾驶员要善于从熟悉的、单调的环境中发现新内容、新变化，以增强自己的注意力，保持注意力的稳定性与集中性。

4. 注意力分配

注意力分配是指同一时间内完成几个动作的能力。只有随着动作的高度熟练，才能学会支配注意力。要做到这一点，不同的人要有不同的训练量。驾驶员对自己的每种动作都具有迅速地、容易地、准确无误地支配注意的能力，那他就属于支配注意型的人，能达到这一点对驾驶操作安全是很重要的。此外，注意力的分配要求必须是几个动作有一定关联。如果几种活动、几个动作彼此毫无联系，分配注意力就比较困难。越是没有关联的事情，对安全操作越不利，因为在这种情况下，大脑机制是在为操作以外的事情工作，而操作只是重复过去的熟悉动作而已。所以，作为一名驾驶员必须学会养成一进驾驶室就注意工作的习惯。

5. 注意的转移

注意的转移就是根据工作任务的需要，把注意的对象从这一种转移到另一种。例如，操作时视觉从这块仪表转移到另一块仪表，又转移到注视前方，观察左右，都属于注意的转移。可见，注意的转移与注意的分散不同，注意的分散是开小差，它是一种被动的"不由自主"的转移。如果行驶作业中由原来的注意中心的对象转移到注意中心以外，也就是说没有把自己的注意力稳定地集中到操作方面来，而是由于外界某个意外的刺激信息，使注意力转移。会影响操作安全。

驾驶员操作过程，都要求注意力高度集中，并保持一定的水平，但最重要的是培养自己的职业注意力。必须锻炼不同情况下提高注意力的方法，使自己学会在不利条件下进行工作，在任何时候都不粗心大意。由于有意注意的微弱性和狭隘性而产生的不注意为分心。在注意力开始减弱的情况下，休息和营养丰富的饮食会有所裨益。精神萎靡、打盹、沉思、疲倦、醉酒等，都是驾驶员不经心和注意分散的原因。每个操作者都要认真分析自己注意的特点，看看存在什么缺陷，根据上面介绍的道理，自觉地进行训练，逐渐使自己具有集中稳定的、可以随意转移的、有较大范围而又能够分配的注意力。

三、驾驶人员对信息刺激的处理

驾驶人员在人-机调节系统中对信息刺激进行处理的过程中可能出现三种情况，即处理正确、处理失误和未加处理。

1. 处理正确

凡是在行车中对险情能做到正确处理的驾驶人员，一般都能注意在时间、空间和速度上留有余地，也就是说能做到精神贯注（即全面注意）地去搜集与驾驶操作有关的信息刺激，能够对工地上的车辆、人员、设备等的动向以及工作面、气候、车内仪表等情况随时进行观察，发现异常，及时进行处理。

2. 处理失误

这是由于驾驶人员对车外环境的信息刺激，在时间、空间和速度上没有掌握好，而做出的不符合客观情况的行为。这种情况的发生往往是由于思想麻痹，注意不够或存有侥幸心理而造成的。在操作作业中，情况千变万化，如果只顾及注意一部分而忽视了另一部分，或只顾及主要部分而忽略了次要部分，往往会产生片面性而造成处理失误。

3. 未加处理

多数情况下是由于驾驶人员注意力不集中，或出现了注意转移，也就是说没有把注意力稳定地集中到操作方面上来，出现险情来不及反映处理。未加注意或丧失注意力也可造成未加处理的情况。

驾驶员接到外界刺激信息后，经过大脑中枢器官，通过思维作出判断，并由运动器官完成操作处理。对于驾驶员来说，操作主要靠手和脚。与手脚的动作要密切配合，互相协调，才能使车辆正常运行。要求驾驶员在手脚动作运用方面，应该是方向掌握稳妥、速度合理、左右转弯角度估计准确、制动运用得当，能正确分析外界各种信息，采取相应的措施，以确保安全驾驶。

四、心理特征和安全行车的关系

驾驶员的心理学除了研究一般驾驶人员的心理过程外，还要研究他们的个性心理特征与安全的关系。个性心理特征是一个人在心理活动中所表现出来的比较稳定和经常的特征。个性心理特征分为能力、性格和气质，每个人都是相异的。例如，有的驾驶员通过安全技术培训，安全驾驶技术提高很快，有的不容易提高，这便是能力差异；有的人谦逊、谨慎，驾驶时一丝不苟，有的人傲慢、粗心，驾驶时马马虎虎，这是性格不同；有的人沉静、有的人活泼、有的人暴躁等，这是气质差异。由上可见，驾驶人员的个性心理特征与安全驾驶的关系是密不可分的。

心理过程与个性心理特征是密不可分的，因为各种心理过程总要发生在具体的驾驶员身上，从而带有那个人的特点。例如，驾驶操作时，有的驾驶员观察情况认真仔细，有的驾驶员却粗枝大叶，这都表现了他们个人的不同特点，反映了他们个性心理特征的一个方面。但是，人具有可塑性，是可以通过学习、教育、训练使其个性心理特征发生变化的。心理学就是把驾驶人员的心理过程和个性心理特征联系在一起进行探讨，以适应安全管理的需要。

从表 10-1 可以看出，反应、判断与操作三个环节对发生交通事故带来的影响。其中察觉晚所造成的事故占 59.6%，判断错误事故占 34.8%，这两项共占 94.4%，这说明驾驶员心理活动的状况正常与否，是发生事故的主要原因。

表 10-1　交通事故的影响因素及比率

内在因素	事故起数	百分率
察觉晚	656	59.6%
判断错误	384	34.8%
驾驶错误	53	4.8%
其他	9	0.8%
合计	1102	100%

察觉晚往往是驾驶员反应迟钝，而迟钝的内在因素主要是注意力不集中。例如，作业时东张西望，没有察觉到复杂的情况，有时因视线盲区扩大而没有及时发现情况等。注意力不集中的原因是多方面的。判断错误的原因，有主、客观的因素。例如，在驾驶中不认真遵守驾驶规则，凭想象任意判断对方的行动，有时过分相信自己的技术，结果造成判断失误。此外，由于驾驶员的训练素质不同，经验不一样，对同样的一种情况，可以作出不同的判断，从而可能出现判断上的差错。在驾驶操作方面出现的事故主要是由于技术不熟练，情绪不安定造成的，有时因机械状况不良，也可能在操

作中发生问题。

五、饮酒与驾驶

饮酒对驾驶机能的影响很大，驾驶员酒后驾驶极易造成交通事故。据有关资料统计，每年因饮酒驾驶所造成的交通事故占4％以上，死亡事故占其中的10％，可见酒后驾驶造成不良后果的严重性。

1. 酒精对人体的影响

酒精对人体有麻醉作用，如脑和其他神经组织内的酒精浓度增高，大脑中枢神经活动就会变得迟钝，而且可以蔓延到机体神经，这时人的判断能力发生障碍，手脚活动比较迟缓。在初期，因为中枢神经中毒，削弱了对运动神经的束缚能力，因而在人的生理上产生了轻松感，这时手脚的活动反而有些敏捷了，但思维能力和判断能力仍是迟钝的。

酒精浓度在人体内的分布情况与身体各组织内所含的水分多少有关，饮酒后，使大脑中枢神经兴奋，产生阻抑作用，严重者可以造成中毒死亡。驾驶员饮酒肇事，一般在酒后30～60min内发生，约占事故的60％。

2. 酒精对不同人的差别

饮酒后体内酒精浓度因每个人的饮酒习惯不同而有很大差别，酒量较大的人，饮酒后体内浓度在30min内达到顶点，而酒量中等程度的人，需要60～90min达到顶点。酒量比较大的人，体内酒精浓度达到顶点的时间较短，消失得也快，体内留存酒精浓度较低；酒量小的人，体内酒精浓度达到顶点的时间较长，消失得也慢，体内留存的酒精浓度较高。

此外，饮酒后体内的酒精浓度与体重、性别有一定关系。如饮同量的酒，体重越重浓度就越低，反之就越高。

3. 体内酒精浓度对驾驶机能的影响

在体内酒精浓度比较大时，对驾驶员影响很大，据测定，体内酒精浓度在0.3‰时，驾驶机能就开始下降。浓度在1‰时下降15％，浓度在1.5‰时下降30％，同时使驾驶员的注意力受到一定的影响，注意力分散而偏向一方。有资料介绍，驾驶员血液中酒精浓度在 0.3‰～0.9‰时，注意力分散程度增加到 7 倍，当浓度为 1‰～1.4‰时，增加到 31 倍，而酒精浓度在 1.5‰以上时，注意力分散程度可增加到 128 倍。由此可见，驾驶员体内酒精浓度达到 0.3‰时驾驶机能就开始下降，随着浓度增高对驾驶机能影响越来越大，出现事故的比例越来越高。因此，驾驶员严禁酒后操作或在作业中间饮酒。

第二节　挖掘机检查维护的安全操作

1. 充分掌握检修的具体方法

实施检修前，应熟读并理解检修的内容（图 10-1）。

2. 选择水平地面实施检修

如图 10-2 所示。

① 选择水平坚固的地面作为工作场所。

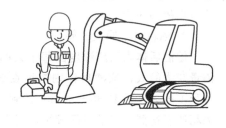

图 10-1　阅读操作说明书　　　　　图 10-2　机器水平停放

② 应使铲端着地。

③ 发动机停机，并拔掉钥匙。

④ 设法止动履带。

3. 应标明"检验中"

将印有"检验中"的纸签悬挂在操作杆上（图 10-3）。

4. 运转中的机器不能进行维修保养

① 机器在作业中应尽可能避免进行维修工作（图 10-4）。

图 10-3　悬挂警告牌　　　　图 10-4　禁止运转时保养设备

② 不得已而同时进行维修时，应由两名以上技术人员密切联系进行工作。

③ 应特别注意风扇或回旋部分，防止作业服被卷入。

5. 发动机停机后是灼热的

发动机停机后各部件都处在高温状态，触摸会造成灼伤。请待各部件温度下降后，再开始维修（图 10-5）。

6. 敞开罩、盖时的注意事项

① 发动机罩、盖敞开时，应不忘维修后闭锁（图 10-6）。

② 强风吹打时，避免敞开罩、盖，见图 10-6。

图 10-5　防止灼伤　　　　　图 10-6　闭锁提示

7. 预防火灾发生

如图 10-7 所示。

① 部件的洗涤应使用不燃性油。

② 消除可能诱发火灾的火源。

③ 配备灭火器等消防用具。

④ 检验、维修作业中严禁吸烟。

8. 使用保护器具

①从事维修作业时，应使用保护眼镜、安全帽、安全鞋、手套等。

②研磨机、锤子的使用会使金属片飞溅，必须戴用保护器具（图10-8）。

图10-7　严禁烟火

图10-8　戴保护器

9. 高处维修时的注意事项

①应清理维修现场，使之有条不紊。油脂的泄漏、工具的杂乱都需要加以整理。

②高处的上下必须借助踏台把手，且应注意防滑。绝对不能跳跃（图10-9）。

10. 维修时附件的保持状态

附件保持悬空状态进行接头、软管等的更换或维修作业，可能引起高度危险。请一定要将附件稳扎地面或台座后，再进行检查、维修和保养（图10-10）。

图10-9　附件维修、准备

图10-10　附件维修

11. 机器底下的维修

需要在机器底下进行检查、维修工作时，一定要用安全块固定住履带（图10-11）。

12. 准备应急措施

万一发生事故或火灾，应事先预备应急措施。灭火器、急救箱的保管场所和使用方法应清楚（图10-12）。

图 10-11　履带固定　　　　　　　　图 10-12　应急准备

13. 维修前的油压排除

待各部件降温后，释放各部件的气压和油压（图10-13）。

图 10-13　释放压力

14. 拆卸蓄电池

维修电气系统前，应拔去蓄电池的负（－）极端子（图10-14）。蓄电池会产生可燃性气体，处置不当可能引起火灾。因蓄电池电解液是稀硫酸，必须注意安全。

15. 注意换气

在室内空气污浊的环境下实施维修时，应先敞开窗、门进行换气

（图 10-15）。

图 10-14　拆卸蓄电池连接线　　　图 10-15　室内工作注意

第三节　挖掘机的操作安全

一、作业前的安全准备

1. 穿用正规服装、携带资格证

如图 10-16 所示。

普通保护器具：安全帽；安全鞋；贴身作业服。

特殊保护器具：保护眼镜；防尘罩；耳塞；其他保护器具。

2. 身体不适时严禁从事作业

为了保证安全操作，操作人员因疲劳、疾病或药物反应而不能正常操纵机器时，严禁勉强工作（图 10-17）。

3. 认真讨论作业内容

图 10-16　安全准备

图 10-17　严禁工作

操作人员在作业开始前，应充分讨论作业内容，遵从引导人员的指令信号，提前讨论注意事宜（图 10-18）。

4. 实施作业开始前的检查

如图 10-19 所示。

① 作业前检查应忠实执行。

② 作业灯和刮水器应确实工作。作业灯、后视镜、驾驶室都要保持干净。

③ 携带工具，发现异常，立即修复。

图 10-18　讨论工作内容

图 10-19　作业前检查

5. 认清周围环境条件

① 落石危险地带作业，应戴安全帽（图 10-20）。

② 道路的情况应一清二楚。

③ 视线不明，应准备照明装置。

在危险的环境下作业，必须采取必要措施。

6. 实行反馈验证

如图 10-21 所示。

图 10-20　戴安全帽

图 10-21　反馈工作

① 是否充分理解作业内容。

② 现场引导作业的具体信号是否确定。

③ 周围环境条件的安全性是否讨论过。

④ 机器检查是否有遗漏。

⑤ 驾驶员健康状态、作业服的穿用等有无问题。

7. 作业现场闲人勿入

作业开始前，应确认现场没有人和障碍物。应在现场竖起"闲人勿入"的警告标语，严禁非工作人员接近作业现场（图10-22）。

8. 严禁非驾驶员乘坐挖掘机

驾驶人员应端坐驾驶位执行驾驶任务，严禁非驾驶员乘坐挖掘机（图10-23）。

图 10-22 闲人勿入

图 10-23 禁止搭载

9. 注意上下机器安全

上下机器必须依靠把手、踏台，以防事故（图10-24）。

10. 严禁作业外使用

油压铲斗是挖掘、推土用的机器，不要用来升降人员（图10-

图 10-24 上、下机安全

图 10-25 禁止作业

25）。作业外的使用，会危及人身安全，且易损坏机器。

11．注意信号和标志

① 软松土质的路肩、倾斜地等存在潜在危险的地方，应竖立标志（图10-26）。

图 10-26　竖立警告标志

② 危险地段，应有引导员发出引导信号。这时，操作人员应注意标志，遵从引导员的引导信号。

二、进场安全

1．机器启动、操作的注意事项

进行启动、行车、回旋操作时，必须先鸣喇叭作为信号，并确认机器四周无人，再开始操作。视线不清或出现其他意外时，需引导员协助引导（图10-27）。

2．共同作业的注意事项

实施共同作业时，应商定好具体信号（图10-28）。

3．城市作业的注意事项

应设置"闲人勿入"的

图 10-27　引导操作

标志，保证安全。在交通拥挤地点，应由引导员引导，避免发生事故（图10-29）。

4．电线附件作业的注意事项

应事先与电力公司协商作业细节，并请引导员从旁协调，保证安全（图10-30）。

5．触电时的注意事项

① 应及时警告周围作

图 10-28　操作信号

图 10-29　城市作业

图 10-30　安全协助

业人员，不可触及铲斗。

　　②脱离铲斗时，不要触及踏板，应跳离铲斗（图 10-31）。

图 10-31　高压危险

6. 确认挖掘位置

　　现场地下可能埋设有污水管道、水管、输气管、电缆等，应在作业开始前勘查地形，了解地下状况，再进行作业（图 10-32）。

7. 空载运转

　　发动机液压油应先充分预热，然后检查机器是否正常运转（图 10-33）。

图 10-32　确认挖掘位置

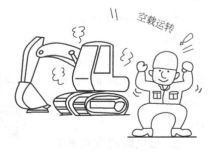

图 10-33　禁止空转工作

三、施工安全

1. 挖掘过度会危及机器所处地基

这是非常危险的，应绝对禁止（图10-34）。

采取履带直交路肩、发动机后置的方法，以便机器后退。

2. 铲斗不能挥过卸土车驾驶室

行车发动机

图 10-34　禁止挖掘

图 10-35　装载安全

为了保证安全，铲斗不能挥过人头顶或卸土车驾驶室（图10-35）。

3. 发现异常应立即停机

① 操作中发现机器异常，请立即中断作业，并进行必要的维修。

② 维修未完，应禁止使用（图10-36）。

图 10-36　异常停机

4. 不允许悬顶挖掘

悬顶挖掘最危险，应绝对禁止（图10-37）。

5. 倾斜地作业的注意事项

① 倾斜地作业，应充分考虑机器的稳定性（图10-38）。

② 机器地基应尽可能设法铲平，避免铲斗的低位操作。

6. 禁止超过机器能力的作业

逾越机器性能极限的作业，会危及操作人员的安全，并导致机器的损坏。作业应在机器能力的范围内（图 10-39）。

四、行驶安全

1. 确认通过路线

① 事先勘察行车路线。

② 遇到视线不清的地方，应请引导员就地引导。

③ 需要过桥时，应考虑该桥梁的允许载重（图 10-40）。

图 10-37　严禁挖掘

图 10-38　保持机器稳定

图 10-39　严禁超载

图 10-40　行车安全

2. 行车操作开始前的注意事项

行车时，应按照驾驶指南，把握好机器的行行方向，再实施行车操作（图 10-41）。

3. 行车的注意事项

如图 10-42 所示。

① 行车时，应挑选平坦、良好的路面。

图 10-41　行车注意（一）　　　图 10-42　行车注意（二）

② 应避开障碍物、电线杆和建筑物。

③ 雪地行车，应考虑地面土质强度、滑动等因素对行车的影响。

4. 斜面行车采用直角方向

坡面上行车，应沿最大倾斜线行车，其他方向行车会增加危险（图 10-43）。

5. 倾斜地转换方向时的注意事项

倾斜地转换方向很容易导致侧滑，甚至有倾倒的危险。必须转向时，应挑选倾斜较缓、地基坚固的地方进行（图 10-44）。

图 10-43　倾斜地转向

图 10-44　坡道行车

6. 坡道行车

① 坡道上行车应低速，铲尖离地 20～30cm（图 10-45）。

② 遇到机体不稳的情况，应立即铲头着地并停车。

（下坡姿势）　（上坡姿势）

图 10-45　上、下坡注意

五、停车安全

1. 停车须知

① 应选择地面水平且坚固的地方停车。

② 使铲尖着地，停止发动机（图 10-46）。

2. 斜面驻、停车须知

① 铲尖着地、杠杆居中，下面的履带应用挡块止动（图 10-47）。

② 回旋闭锁器实施闭锁。

图 10-46　正确停车

图 10-47　斜面停车

3. 路上停车须知

路上停车时，应竖起标志，并设置栅栏，提醒其他通行车辆注意（图 10-48）。

4. 离开驾驶室须知

如图 10-49 所示。

① 回旋闭锁器实施闭锁。

② 铲尖着地。

③ 操作杆居中。

④ 固定杆闭锁。

⑤ 停止发动机，并拔去钥匙。

⑥ 闭锁门栏，防止他人驾驶。

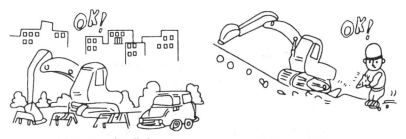

图 10-48　路面停车　　　　　图 10-49　回转锁定

5.作业完毕后的检查

作业完毕后，应对机器进行认真检查，并冲洗污垢。

① 发现异常，应立即进行维修作业（图 10-50）。

② 补给燃料油。

在海滨尘埃、寒冷酷暑、湿地或软地等恶劣条件下作业完毕后，必须格外认真地进行检查和维修。

图 10-50　作业后检查

六、拖运安全

1.装卸注意事项

① 使用拖车或货车时，应利用滑板（图 10-51）。

② 严禁利用千斤顶装卸。

图 10-51　上板安全　　　　　图 10-52　运输紧固

图 10-53　注意重心

2. 紧固注意事项

紧固时，应确实绑紧机体，防止机器移动（图 10-52）。

3. 脱掉前方附件时的注意事项

① 脱掉前方附件会使机器重心后移，行车时应格外注意（图 10-53）。

② 利用滑板搬运时，应配备平行锤于斜面上方。

参 考 文 献

[1] 张铁. 液压挖掘机结构原理及使用. 东营：石油大学出版社，2002.

[2] 石宏亮. 厂内机动车辆驾驶. 江苏省新闻出版局，2002.

[3] 李宏. 挖掘机操作与维护. 北京：中国劳动社会保障出版社，2004.

[4] 王志鑫. 挖掘工操作技术要领图解. 济南：山东科学技术出版社，2006.

欢迎订阅工程机械类图书

以上图书由化学工业出版社 机械·电气分社出版。如要以上图书的内容简介和详细目录，或者更多的专业图书信息，请登录 www.cip.com.cn。如要出版新著，请与编辑联系。

地址：北京市东城区青年湖南街 13 号 （100011）

购书咨询：010-64518888 （传真：010-64519686）

编辑：010-64519276